KB130661

동아프리카의 ‘맛’ :

요리를 통해 발견한

‘동아프리카 문화’

BY: 차바 루완야 마부라

(CHABA RHUWANYA MAVURA)

A taste of East Africa:
Uncovering the culture through its cuisine.

Contents

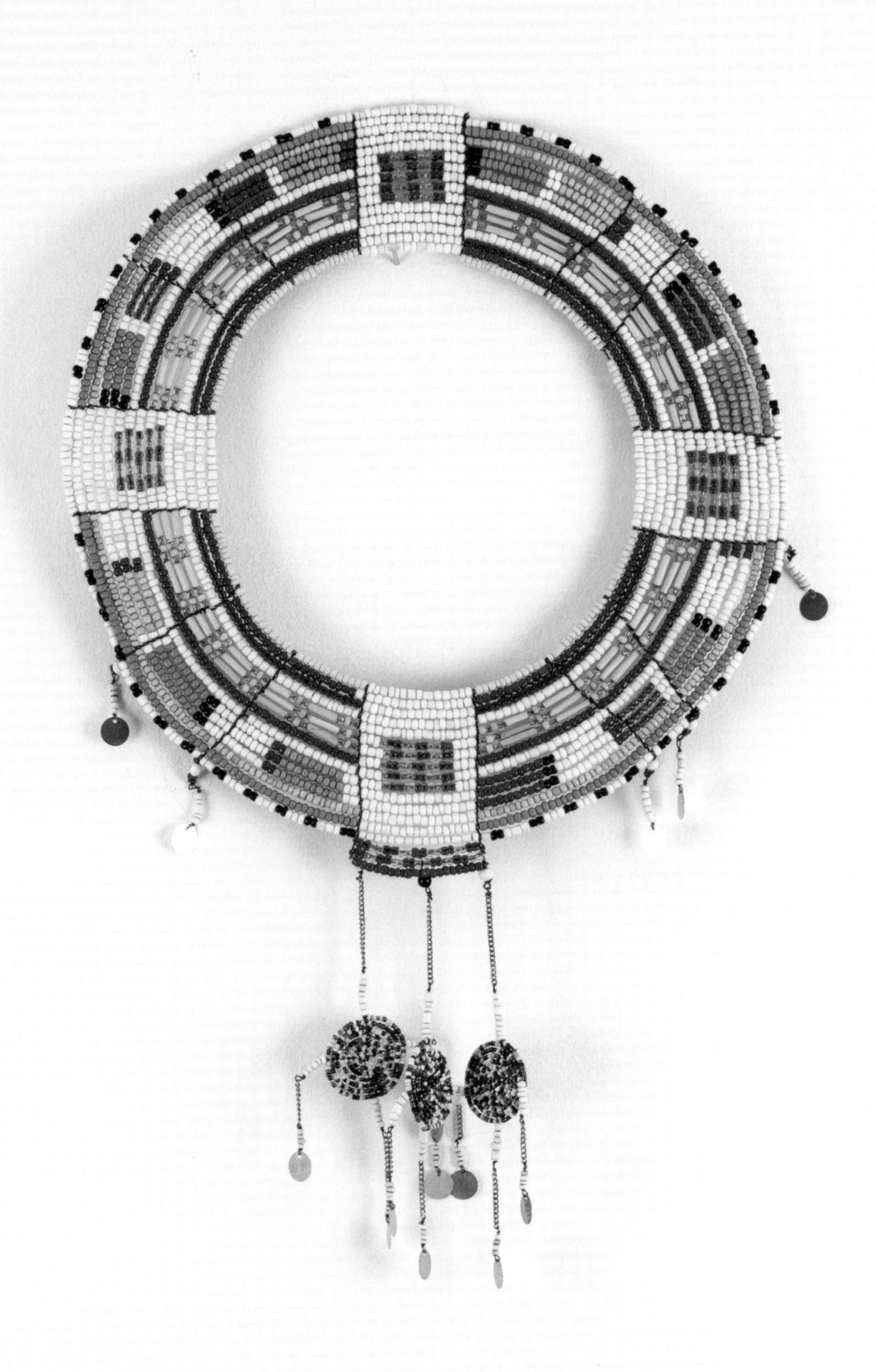

'우리가 먹는 것'들이 곧 우리를 이루는 그 자체가 아닐까요?

> 음식은 사람과 문화를 이해하는 것에 있어 참 중요한 역할을 합니다. 이를테면 사람들이 무엇을 먹는지, 왜 먹는지, 음식을 어떻게 준비하는지, 언제, 어떻게 먹는지 등 이런 모든 부분에는 '문화'가 녹아있죠.

음식은 단순히 배를 채우는 수단을 넘어, 한 사회의 DNA와도 같은 것이 아닐까요? 음식에는 우리에 대한 많은 정보가 담겨 있습니다. 우리는 음식이라는 하나의 매개체를 통해 행동양식이나 건강까지 유추할 수 있고요. 이를 통해 사람 간의 관계도 설명할 수 있습니다.

음식은 문화이고, 경제이며, 정치라고 해도 과언이 아닙니다. 음식에는 그 나라의 문화, 전통, 역사가 새겨져 있고, 음식은 사람과 사람의 관계, 분위기, 여러 가지 사건까지도 설명하기 때문입니다.

'요리'를 한다는 것은 이러한 이야기들을 아름답고 맛있게 표현하는 '예술'과도 같습니다. 따라서 '음식'과 '요리'는 저의 고향인 아프리카의 문명을 이야기하고 표현하는데 있어 아주 적합한, 그리고 참 특별한 수단이라고 할 수 있겠습니다. 저는 이 요리책에, 단순히 '아프리카의 요리'만을 담은 것이 아닙니다. 독자 여러분이 아프리카 문화와 역사를 자연스럽게 접할 수 있도록 다양한 이야기도 함께 담았습니다.

문자에 크게 의존했던 다른 지역의 문화와는 달리, 아프리카 문화는 오랜 시간 스토리텔링과 구전의 전통을 통해 이어져 왔습니다. 그래서 음식들의 레시피 역시, 글자가 아닌 구전을 통해 다음 세대로, 또 다음 세대로 계속 이어져 왔죠. 이러한 전통은 아프리카 요리의 다양성과 풍부한 맛을 보존하는 데 큰 역할을 했지만, 한편으로는 외부인이 아프리카 문화를 접근하고 이해하는 것을 어렵게 만들기도 했습니다.

주한 탄자니아 대사의 배우자로서 저는 이런 질문을 여러 번 받았습니다: "아프리카 사람들은 무엇을 먹나요? 주식은 무엇인가요?" 가끔은 아이들이 먹을 수 있는 음식인지 걱정하는 친구들도 볼 수 있었는데, 한 친구는 아프리카 음식을 먹으면 배가 아프지 않을까 걱정하기도 했습니다. 하지만, 호기심 많고 모험심이 강한 친구들은 이 책에서 소개할 다양한 레시피를 통해 아프리카 음식을 즐겨 먹기 시작했습니다.

이 책을 통해 동아프리카 역사의 터널을 쉽게 여행하실 수 있을 것이라 생각합니다. 지리, 사람, 그리고 문화가 풍부한 동아프리카의 새로운 모습을 발견하고 감상할 수 있는 역할을 하는 데에 이 책이 큰 역할을 해주기를 기대합니다. 수 세대에 걸친 이주, 노예 무역, 식민주의로 인해 문화와 문명이 충돌하고 융합된 동아프리카는 그 대륙만큼이나 광대하고 다양한 문화를 형성했습니다. 또, 이런 풍부한 역사와 유산은 동아프리카의 요리에 아주 깊이 자리하고 있죠.

이 책이 탄자니아를 비롯해, 케냐, 우간다, 부룬디, 콩고민주공화국, 그리고 르완다 등 아프리카의 그 수많은 요리들을 전부 소개할 수는 없을 것입니다. 하지만 아프리카 대륙의 거의 절반을 차지하는 동부와 중부, 남부 지역을 대표하는 요리들이 담겨 있습니다. 특히, 동아프리카 요리는 아프리카 요리에서 중요한 위치를 차지하고 있습니다. 참고로, 동아프리카 요리는 국가마다 조금씩 다르게 보일 때가 있는데요. 그렇지만 재료 및 요리법은 대부분 동일하게 구성되어 있습니다.

동아프리카에는 아프리카인, 아랍인, 아시아인, 유럽인 등 4개 인종, 수백 개의 부족에 1억 6천만 명이 넘는 인구가 거주하며 다문화 체제를 형성했습니다. 또한, 스와힐리어와 스와힐리 문명은 동부 아프리카의 원주민과 외국인 정착민들의 계급과 융합을 통해 언어, 예술, 요리, 가구, 건축의 영역까지, 초국가적 공동체와 정체성을 형성했습니다. 이 문명은 동아프리카와 남부 아프리카 전역으로 퍼져 나갔으며, 스와힐리어(Swahili) 또는 키스와힐리어(Kiswahili)는 동아프리카 지역의 공식 언어로 약 2억 명이 사용하며 세계에서 10번째로 많은 인구가 사용하는 언어입니다. 뿐만 아니라, 스와힐리어는 2021년에 아프리카 언어 중 최초로 유네스코에서 국제 언어이자 세계 유산으로 인정받은 언어죠. 유네스코는 7월 7일을 세계 키스와힐리어의 날로 지정했는데, 이는 아프리카 언어를 사용하는 사람들과 우리 문화의 중요한 상징이자, 이 언어를 위해 싸워온 사람들에게 중요한 이정표가 되었습니다.

이 모든 점을 고려해보면, 스와힐리 요리는 마치 용광로와도 같습니다. 초기 무역과 이후 식민지배를 위해 들어온 아프리카인, 아시아인, 아랍인, 유럽인 사이의 문화적 교류와 아프리카 문명이 스와힐리 요리에 담겨 있습니다.

동아프리카 현대 요리에는 인도, 페르시아, 아랍, 아시아의 맛이 녹아 있습니다. 이런 종류의 문화적 혼합은 동아프리카 특유의 문화인데, 동아프리카 요리는 세계를 하나로 만든다고도 할 수 있겠습니다.

이 '요리책'을 통해 다음과 같은 것들을 이루어지길 희망하며, 머리말을 마칩니다.

1. 더 많은 사람들이 '요리'라는 매개체를 통해 현대 동아프리카에 대해 조금이나마 이해하게 되길 바랍니다.
2. 책에서 소개될 다양한 레시피를 통해 한국을 비롯한 다양한 국가의 셰프들이 더 많은 시도를 할 수 있게 되길 바랍니다.
3. 너무나도 아름다운 아프리카의 문화가 많이 알려지길 바랍니다.

스와힐리어로 말하자면, 카리부 차쿨라(Karibu chakula)!
진수성찬의 세계에 오신 여러분을 환영합니다!

감사의 말

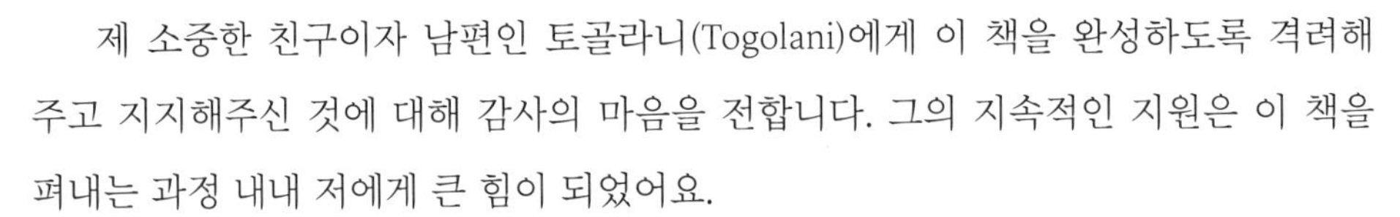

제 소중한 친구이자 남편인 토골라니(Togolani)에게 이 책을 완성하도록 격려해 주고 지지해주신 것에 대해 감사의 마음을 전합니다. 그의 지속적인 지원은 이 책을 펴내는 과정 내내 저에게 큰 힘이 되었어요.

저의 자녀인 펄(Pearl), 에드리스(Edriss), 할림(Haleem)에게도 저에게 변함없는 마음의 지지를 보내줌과 동시에 이 책의 완벽한 제목을 찾게 도와준 점에 깊은 감사의 뜻을 전합니다. 요리라는 예술을 가르쳐 주셨을 뿐만 아니라 요리 분야에서 언제나 창의성을 발휘할 수 있도록 영감을 주신 쿠루툼(Kuruthum), 시파(Sifa), 에일린(Eileen) 어머님들께도 평생 갚을 수 없는 큰 은혜를 받았어요. 감사합니다.

사랑하는 친구이자 멋진 부부인 이주리와 강은환에게도 진심으로 감사의 마음을 전합니다. 그들의 지원이 없었다면 이 책을 원하는 시기에 출판하지 못했을 거에요. 항상 믿음직스럽게 저를 도와주는 파리다(Farida) 덕분에 주방에서도 계속해서 도움을 받았어요. 제가 글을 쓰고 일을 끝낼 수 있도록 아이들을 잘 보살펴주어 감사합니다. 저에게 큰 도움을 준 한국어 통역 역할의 데보라(Debora)에게도 감사의 마음을 전합니다.

출판 과정을 지원해준 벤(Ben Kim)을 비롯한 브라더후드의 팀원들에게도 이 도전을 함께 해주셔서 진심으로 감사드립니다. 출판의 과정에서 여러 어려움이 있었지만, 이 모든 것을 극복하고 함께 끊임없이 노력하였기에 멋진 책을 만들 수 있게 되었습니다.

탄자니아의 자매들과 친구들인 잘리아(Jalia), 니마(Neema), 캐롤(Carol), 엔사밀라(Nsamila)에게도, 다양한 사진을 찾는 것을 도와주어 감사하다는 말을 전합니다.

무엇보다도 사랑하는 조국을 위해 이번 글을 쓸 수 있는 이 기회를 주신 하나님께 감사합니다.

나의 훌륭한 딸, 펄에게 바칩니다.

동아프리카의 아름다운 풍경, 세렝게티에서 포착된 코끼리들 (사진: 임마니 나스밀라 작가)

2.

소개 (INTRODUCTION)

이 책을 통해 아름다운 대륙 아프리카, 특히 동아프리카 지역을 소개하게 되어 영광입니다. 이 책에서 '음식'이라는 매개체를 통해 특정 지역의 문화와 관습을 이해하실 수 있도록 안내하려 합니다.

'문화'는 건강한 식단, 좋은 음식, 음식의 맛과 질감에 대한 우리의 인식에 영향을 미칩니다. 문화는 각 곳의 요리에도 녹아드는 것이죠. 스와힐리어 속담에 '스와힐리의 아름다움은 그 요리에서도 찾을 수 있다'라고 하듯이, 저는 우리의 문화를 요리와 스와힐리의 맛을 통해 나눌 수 있기를 기대합니다.

동아프리카는 서로 다른 민족이 모여 사는 나라들로 구성되어 있습니다. 그리고 각 민족들은 자신의 모국어를 사용하죠. 스와힐리어는 동아프리카 국가들의 공통어이자 탄자니아, 케냐, 우간다의 공식 언어입니다. 이러한 요인은 레시피와 음식의 명칭에 큰 영향을 미치며, 유사한 레시피라도 현지 언어로 다른 이름으로 불리는 경우가 있습니다. 또, 기후의 다양성은 지역에 따라 음식 준비 방식에 차이를 가져오기도 하는데요. 이 책에서는 특정 레시피가 한 지역에서 다른 지역보다 인기 있는 이유가 '지리와 문화의 영향' 때문이라는 것을 이해할 수 있도록 도와줄 것입니다.

예를 들어, 고온에서는 향신료 사용이 필수적입니다. 향신료는 음식을 미생물과 기생충으로부터 보호하여 썩거나 독성이 되는 것을 방지하고, 높은 온도와 습도를 견디는 데 도움을 주거든요. 따라서 잔지바르, 몸바사, 바가모요, 다르에스살람 같은 인도양 연안의 섬에서는 향신료 사용이 흔한 일입니다.

이처럼 동아프리카의 다양한 지형과 기후는 지역마다 요리가 다양하게 발전하도록 합니다. 내륙 사바나와 리프트 계곡에서는 전통적인 가축 사육이 마사이족을 포함한 이 지역 사람들의 식습관에 영향을 미쳐 우유, 고기, 동물의 피(키수시오) 및 염소 똥(키추리)을 활용한 요리가 선호되고 있습니다. 이런 지역에서는 요리된 고기보다는 바비큐가 더 선호되고요. 다른 지역에서는 익힌 고기와 가금류를 즐깁니다. 비가 많이 오고 토양이 비옥한 북서부 및 남서부 고지대에서는 다양한 농산물, 곡물, 과일, 채소가 재배되고, 이에 따라 다양한 요리법이 존재하기도 합니다.

인도양 연안과 빅토리아 호수, 탕가니카 호수, 냐사 호수 지역에서는 생선 기반의 단백질 요리가 매우 인기 있습니다. 하지만 빅토리아, 냐사, 탕가니카, 엘버트, 키부의 대호수 주변에서는 민물고기가 더 선호되는데요. 해충으로 인해 가축 사육이 어려운 탄자니아 남부 지역에서는 바다 생선과 해산물이 인기 있는 단백질 공급원이죠.

3.

식사 예절과 서빙 문화

아프리카 식사

아프리카에서 식사는 온 가족이 한 자리에 모여 같은 접시의 음식을 나누고 유대감을 형성하는 사교적인 행사입니다. 또, 신이 우리에게 주신 삶과 축복을 기리는 시간이기도 합니다.

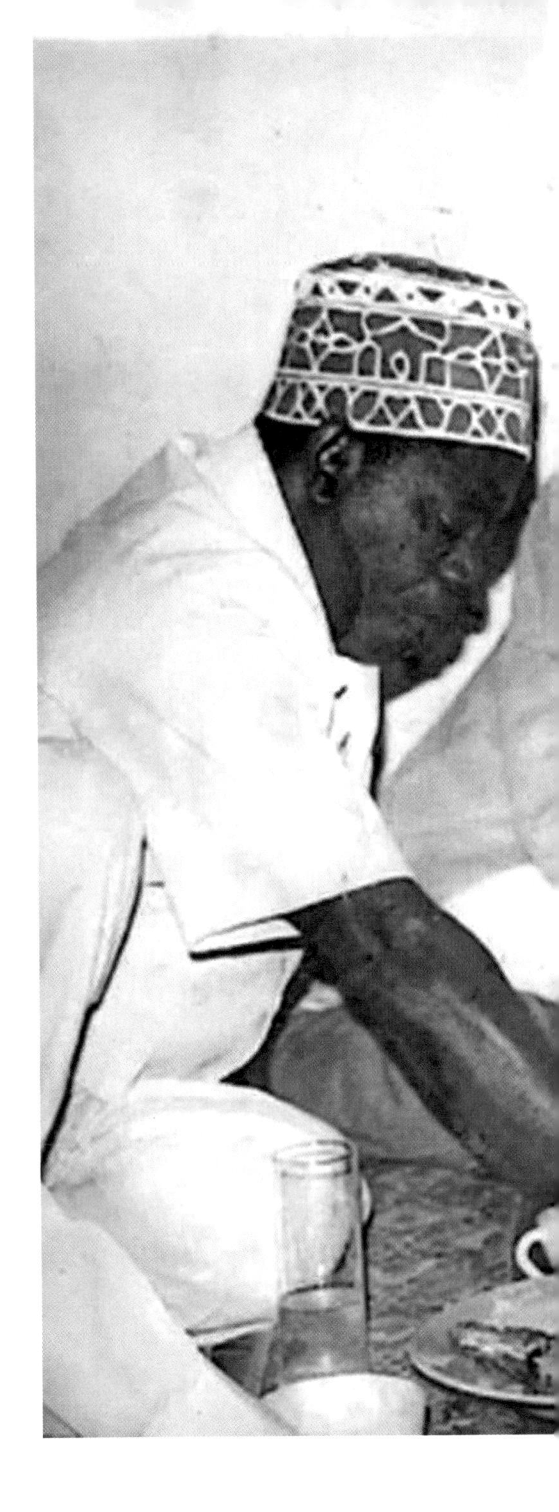

"그래서 우리는 손으로 음식을 먹으며 겸손함을 표현하는 것이죠. 손으로 음식을 먹는 행위는, 도구를 사용하는 것보다 풍부한 감각적 경험을 가져옵니다. 이는 마음 관리, 문화적 인식을 향상시키는 건강한 관습으로 여겨지고 있어요. 또한 영혼과 음식 사이의 신체적, 정신적, 정서적 연결을 촉진하여, 음식을 더욱 즐겁게 즐길 수 있게 도와주죠."

사진: 동아프리카 공동체의 설립자이자 탄자니아의 초대 대통령인 줄리어스 니에레레(Mwalim Julius K. Nyerere, 맨 오른쪽)가 1973년 라시드 카와와, 모하메드 키소키와 함께 음식을 즐기고 있다. (사진: 탄자니아 표준 신문, TSN)

MENU
KACHUMBARI
KATLESI
MAANDAZI
KUKU TANDOORI
MIHOGO NAZI
CHAPATI
SAMBUSA
MAHARAGE YA NAZI
VIAZI VITAMU VYA KARANGA
MAGIMBI YA KARANGA
BAJIA
...
TAMBI ZA NAZI
VITUMBUA
VIBIBI
MIXED FRUITS
Drink
DODOMA WINE
SPARKLING / SPRING WATER
TEA MASALA / TANZANIAN COFFEE
TANZANIA RESIDENCE
SEOUL, MAY 03RD . 2023

동아프리카 사람들은 돗자리에 앉아 식사하는 것을 선호했었는데요. 도시 지역에서는 점차 이런 관습이 사라지고 있어요. 그러나 장례식이나 지역 결혼식에서는 여전히 이런 전통이 유지되고 있습니다. 일반적으로 모든 음식을 한 접시에 담아 '원코스' 식사로 제공되며, 이는 주로 탄수화물(쌀, 우갈리, 또는 질경이)과 단백질(고기, 생선, 또는 콩), 그리고 채소와 과일로 구성됩니다. 우리의 식사 방식은 이렇게 아주 간단합니다. 음식은 '카와'로 덮여 제공되는데요. '카와'는 동아프리카 가정에서 음식 뚜껑으로 사용되는 엮인 풀실을 말해요. 음식의 따뜻한 온도와 향을 유지시켜 주죠. 뚜껑을 열 때 그 향이 풍부하게 번지고, 음식을 즐기는 기쁨을 더 크게 만들어줍니다. 또, 대접받는 사람에 대한 존경의 표시이기도 하고요. 이 '카와'는 보통 화려한 무늬로 장식되어 있고, 메시지도 적혀 있습니다.

때때로 '카와'는 하나의 매개체로서, 낭만적인 메시지를 전달하는 도구로 활용되기도합니다. 예를 들어 '니 자코 자비부 쿨라 타라티부'는 '포도는 천천히 먹으라'로 직역할 수 있지만, '마음을 편히 두세요, 나는 당신의 것입니다'는 숨겨진 의미로서 사랑하는 이에게 전달하는 메시지로 활용되기도 해요. 또한 '마네노 마타무니 차쿨라 차로호'는 '달콤한 말은 영혼을 위한 양식'이라는 뜻이죠. 아주 간단하게 '환영합니다'와 같은 짧은 메시지가 담겨 있는 것도 흔한 일입니다.

사회가 발전함에 따라 현재는 현대식 음식 뚜껑을 많이 사용하고 있습니다. 동아프리카 사람들은 바로 먹지 않는 음식은 덮어서 보관하는 것을 선호하거든요. 음식을 덮어서 제공하는 것은 여전히 '예의 있는 행동'으로 여겨집니다.

저희에게도 식사 중에는 여러 에티켓이 존재합니다. 식사 중 말하는 것은 예의에 어긋난다고 여겨지죠. 천천히 먹고, 자신의 접시만 바라보며 다른 사람을 쳐다보지 말고 조용히 씹어야 합니다. 물론, 이런 규칙은 부족에 따라 다소 차이가 있을 수도 있습니다. 예를 들어, '하야 부족'에서는 식사 중인 사람들을 만나면 모두에게 인사하기 전에 기다려야 합니다. 하지만 '제 부족'에서는 유명한 인사말 '카리부 투나쿨라' (karibu tunakula) 한 마디로 바로 식탁에 합류할 수 있습니다. 이는 '환영합니다, 우리는 식사 중입니다'라는 의미에요.

한 가지 일화가 있어요. 제가 초등학교에 다닐 때였습니다. 친구가 있었는데, 그녀는 키고마의 마웨니 병원에서 근무하는 지역 의사의 딸이었고, 이웃 카게라 지역 출신이었습니다. 그녀가 작은 사고를 당해 눈 위에 상처를 입었을 때 병문안을 간 적이 있었죠. 점심시간에 들어가서 반갑게 인사를 건네고, 그녀의 상태를 확인하려고 했습니다. 그런데 그녀가 아무도 대답하지 않는 거예요! 저는 충격을 받고 당황했는데요. 무엇을 해야 할지 모르겠더라고요. 모든 사람이 저를 보지도 않고, 그저 자기 접시만 바라보며 한마디도 하지 않았습니다. 그때 그녀의 어머니이자 우리 선생님이 손짓으로 저에게 자리에 앉으라는 신호를 보냈습니다. 저는 그 자리에 얼어붙어 앉아서 정말 많은 고민에 빠졌죠. 다음 날 수업에서 그녀를 어떻게 마주할지… 제가 혹시 무슨 잘못을 했던 건지… 여러 생각을 하고 있었습니다. 그런데 놀랍게도 그들이 식사를 마치자 마치 지난 15분간 일어난 일이 없었던 것처럼 모두가 저를 보고 기뻐하며 반겨주더라고요!

KIJIJI CHA UJAMAA

4.

동아프리카의 농장에서 식탁까지

동아프리카 사람들은 신선한 음식을 즐깁니다.

이들은 냉동이나 방부 처리된 음식을 맛있다고 느끼지 않는데요. 도시나 마을에 사는 사람들이 자신의 뒷마당에 작은 텃밭을 가꾸고, 가축과 가금류를 기르는 것은 흔한 일이죠.

'아프리카인을 마을에서 데려올 수 있어도, 마을을 아프리카인에게서 빼앗을 수는 없다'는 말이 있습니다. 이는 그들이 직접 채소, 계란, 젖소를 관리하려는 강한 의욕/내지 의지 때문에 비롯된 말이기도 합니다. 대부분의 가정에서는 유기농 식재료를 신선하게 직접 가져다 사용하고 있어요.

농장이든 지역 시장이든, 신선한 채소, 맛있는 고기, 익은 과일이 원활하게 공급되고 있습니다. 이러한 신선한 재료에 대한 수많은 헌신은 모든 요리의 수준을 높여주며, 이것이 동아프리카 요리의 특징이라 할 수 있어요.

1) 주식(Staple Food)

동아프리카에서는 쌀, 옥수수 가루, 콩, 밀, 바나나, 카사바, 고구마, 아프리카 감자 등이 널리 재배됩니다. 동아프리카에는 다양한 농산물이 있지만, 우갈리나 옥수수, 카사바 요리는 모든 지역에서 좋아하는 편이죠. 우갈리는 문화, 혹은 지리적 경계가 전혀 없다고 해도 과언이 아닙니다. 지역별로 차이가 있다면, 우갈리를 주로 먹는 사람과 부차적으로 먹는 사람, 그리고 우갈리가 옥수수 가루, 수수, 또는 카사바 가루로 만들어졌는지 여부 정도가 되겠네요.

우갈리의 아름다움을 표현하자면, 다양한 반찬과 잘 어울린다는 것에 있습니다. 바로, '조화로움'인 것이죠.

요구르트, 콩, 고기, 채소는 물론 동아프리카의 유명한 샐러드인 카첨바리와도 참 잘 어울립니다.

2016년 페이스북의 CEO 마크 주커버그가 동아프리카를 방문했을 때가 있었어요. 그때 그에게 제공된 음식은 우갈리, 채소, 튀긴 틸라피아였습니다. 평범한 사람들은 일주일에 약 네 번 우갈리를 먹는다고 보면 되는데요. 이는 모든 지역 식당 메뉴에서 찾아볼 수 있는 저렴한 요리이기 때문이기도 합니다. 특히 공립학교에서는 거의 매일 콩, 채소, 국, 생선, 고기와 함께 우갈리를 먹습니다. 저는 1995년부터 1999년까지 모로고로의 기숙 학교에서 4년 동안 매일 우갈리와 콩, 채소를 먹었는데, 그 많은 해 동안 먹었음에도 불구하고 여전히 우갈리의 열렬한 애호가입니다.

우갈리는 가루와 뜨거운 물을 섞어 질긴 반죽을 만들어 준비합니다. 옥수수, 카사바, 수수, 기장 등으로 만들 수 있으며, 맛과 영양가를 높이기 위해 옥수수와 카사바 또는 옥수수와 수수 가루를 섞어 사용하는 것이 일반적입니다.

우갈리의 보급은 특정 지역에서는 예외가 있을 수 있는데요. 탄자니아, 부룬디, 우간다, 르완다의 일부 지역에서는 찐 녹색 바나나인 마토크가 주요 전분 공급원입니다. 해안 지역과 같은 다른 지역에서는 쌀, 카사바, 밀을 주식으로, 생선과 해산물을 주요 단백질 공급원으로 선호하고 있죠. 이러한 다양성은 식용유 사용에서도 공통적으로 나타납니다. 야자수 농장이 있는 탄자니아 북서부에는 팜유를, 가축 사육 지역에서는 샘리(Samli, 스와힐리어) 또는 기(Ghee, 영어)라고 불리는 동물성 지방을, 탄자니아 중부에서는 해바라기유, 면실유, 땅콩유를, 해안 지역에서는 주로 코코넛유를 사용합니다.

동아프리카의 흥미로운 특징은 사람들이 동일한 정체성과 문화를 공유한다는 것입니다. 정치적이거나, 통치를 위한 목적 따위를 제외하고 말이지요. 동아프리카 국경은 일반 사람들에게 점점 의미가 없어지고 있습니다. 이는 기존의 국경이 식민지 지배자들에 의해 강제로 만들어졌기 때문입니다. 우리의 국가들은 문화나 사람이 아닌 자원에 따라 분할되었기 때문에, 동아프리카의 다른 나라 사람들과도 같은 방언 내지 문화를 공유하기도 합니다. 예를 들어, 탄자니아와 케냐에는 마사이족이 있고, 탄자니아에는 바간다족과 하야족이 비슷한 문화적 특성을 가지고 있습니다. 탕가니카 호수 주변에서는 하족과 마네마족이 국경의 양쪽에 거주하고 있죠.

이러한 '민족적 연관성'은 이 지역 전역에서 음식을 준비하는 데에 사용되는 공통 재료에서도 찾아볼 수 있습니다. 강낭콩은 거의 매일 주식으로 활용되고요. 대부분의 경우 생선, 소, 염소, 닭고기를 바비큐나 조림으로 만들어 먹는 것이 일상적입니다.

양파, 토마토, 고추는 음식에 풍미를 더하거나 유명한 동아프리카 샐러드인 '카첨바리'를 만드는 데 사용됩니다. 마늘과 생강은 가장 흔한 향신료로, 거의 모든 식사에 필리필리나 칠리(두 개 모두 고추의 한 종류)도 함께 제공되죠. 레몬과 라임은 닭고기, 염소고기, 소고기, 또는 생선을 양념할 때 필수 재료라 할 수 있어요.

동아프리카는 마늘, 정향, 생강, 계피, 바닐라, 칠리, 고수와 같은 대부분의 향신료를 생산하는 지역이며, 주로 식용유 또는 조미료로 사용되는 땅콩, 참깨, 코코넛, 해바라기, 팜유 등도 공급원이기도 합니다.

2) 옥수수 (MAIZE)

동아프리카에서 널리 재배되고 소비되는 주요 식량입니다. 저는 학교에서 옥수수를 심었던 좋은 추억들이 많고요. 또 집에도 계절에 맞춰 옥수수를 재배하던 텃밭이 있었어요. 저는 어린 시절 항상 불 위에서 구워지는 옥수수 냄새를 맡을 수 있었죠. 돌아가신 할머니를 대신해 집안에서 중요한 역할을 맡았던 고모 할머니 야야의 이야기를 들으며 시간을 보내곤 했습니다. 그 때문인지, 숯불에 구워진 옥수수 냄새는 언제나 저를 어린 시절로 데려다 줍니다.

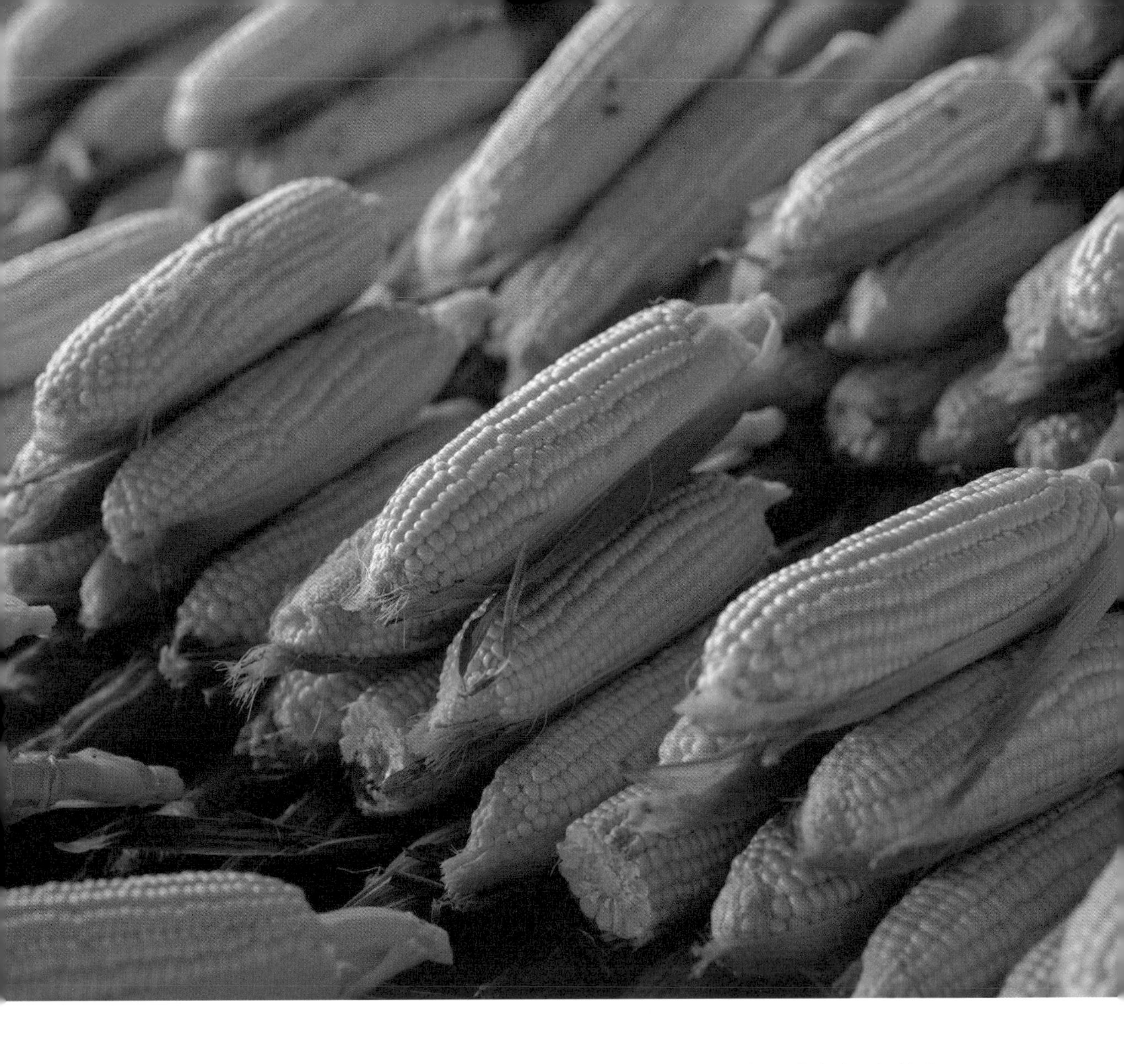

옥수수는 동아프리카에서 가장 중요한 주식인 '우갈리'의 주 재료입니다. 옥수수는 정치적으로도 중요한 음식이 되었는데요. 때문에 옥수수 가루의 가격 상승이 정치적으로 불안정을 초래할 수도 있죠. 그래서 동아프리카 사람들은 우갈리를 가지고 농담조차 하지 않습니다. 옥수수는 또한 마칸데라고 불리는 옥수수와 콩의 혼합 요리를 만드는 데 사용되며, 탄자니아에서는 이를 기테리라고도 합니다. 제 남편이 속한 파레 부족의 가장 좋아하는 음식이기도 한데, 파레는 킬리만자로 산의 고원 지대 북부 탄자니아에 위치해 있습니다.

3) 쌀 (RICE)

탄자니아는 동아프리카 지역에서 가장 큰 쌀 생산국입니다. 탄자니아는 농업 발전의 전략적 우선 순위로 쌀 부문을 오랫동안 인식해 왔죠. 이는 농촌 가구의 식량 안보와 소득 향상에 쌀이 큰 잠재력이 있다고 판단했기 때문입니다.

앞서 언급했듯, 쌀은 두 번째로 선호되는 음식이며, 주로 휴일이나 결혼식, 종교 축제, 장례식과 같은 사회적 행사에서 준비되고 있습니다. 이 책에서는 필라우, 비리야니, 비툼부아(쌀 도넛), 백미, 쌀 국, 므카테 와 쿠미미나 등 다양한 쌀 요리를 소개해 드릴게요!

탄자니아의 쌀. 2024년 4월 기준, 1kg당 약 1,700원의 가격을 형성하고 있다.

필라우는 주로 축제 음식으로, 집에서는 맛있는 왈리 나지를 즐깁니다. 이는 코코넛 밀크와 소금으로 조리된 향긋한 쌀 요리를 의미합니다. 코코넛과 음첼라와 음베야의 향기는 가히 최고라 할 수 있어요!

4) 엔디지 (NDIZI) / 플랜테인 (PLANTAINS) / 바나나 (BANANA)

'엔디지'는 스와힐리어로 '플랜테인' 또는 영어로는 '바나나'를 의미합니다. 주로 탄자니아, 우간다, 르완다의 강우량이 높은 지역에서 선호되는 전통적인 동아프리카 식품이죠. 바나나는 매우 다재다능한 재료로서 찌거나, 튀기거나, 굽는 방식으로 요리할 수 있고, 과일, 주스, 현지 와인 및 증류주도 만들 수 있습니다.

바나나는 크기와 색상이 다양합니다. 크기가 손가락만 한 작은 것부터, 한 마을이 같이 즐길 수 있는 수준이라고 하는 잔지바르의 '음코노 와 템보'(코끼리 뿔)라고 불리는 것까지 있습니다. 보통 플랜테인은 길이가 12인치 정도이지만, 음코노 와 템보는 24인치가 넘습니다. 이러한 바나나는 다양한 이름을 가지고 있는데요. 킬리만자로 지역의 차가와 파레 부족은 이를 '음샤레', 하야와 바간다 부족은 '마투케'라 부르며, 르완다와 부룬디에서는 '이비토케'라고 알려져 있습니다.

5) 감자 (POTATO)

동아프리카 국가들은 아프리카 내에서 감자를 가장 많이 생산하는 국가들 중 하나입니다. 특히 케냐, 르완다, 탄자니아, 우간다에서는 감자가 널리 재배되고 있죠. 거리에서는 감자로 만든 다양한 요리를 쉽게 찾아볼 수 있고요. 칩스 마야이, 키아시 카라이, 카틀레스, 비아지 쿠파카, 바지아 등을 쉽게 만나볼 수 있습니다.

6) 카사바 (CASSAVA)

카사바는 스와힐리어로 '모고'라고도 하며, 탄자니아 전역에서 재배되고 있습니다. 주요 생산국은 탄자니아와 콩고민주공화국입니다. 카사바는 아프리카에서 약 2억 명의 사람들에게 일용할 양식이 되고 있죠. 다른 작물이 재배에 실패할 때에도 카사바는 기후 불확실성에 크게 영향을 받지 않는 회복력일 갖고 있어서 '마법의 식물'이라고도 불립니다. 즉, 카사바는 빈곤 퇴치에 중요한 역할을 할 수 있는 것이죠! 가뭄에 강한 이 작물은, 건기에는 수분을 보존하기 위해 잎을 떨어뜨리는데요. 비가 오면 다시 자라납니다.

일반적으로 남성이 간단하게 즐기는 아침 메뉴: 홍차와 함께 끓인 카사바

킬리만자로 산 고원 지대에 위치한 키고마 지역. 이곳에서는 '붕가나 부토'라는 독특한 카사바를 생산하는데, 이 카사바를 먹어보지 않았다면 진짜 카사바를 경험하지 못했다고 할 수 있습니다. 이곳의 카사바는 부드럽고 연하며 주로 찌거나 구워서, 또는 콩과 함께 먹습니다. 그러나 다른 종류의 카사바는 농부나 어부와 같은 힘든 노동을 하는 사람들이 배고픔을 달랠 수 있는 우갈리 가루를 만드는 데에 사용됩니다.

카사바는 매우 '경제적인 식물'이라 할 수 있는데요. 그 뿌리는 주요 요리 재료로 쓰이고, 잎은 '키삼부' 또는 카사바 잎으로 불리며 채소처럼 사용됩니다. 즉, 이 식물 하나로 주요 요리는 물론 서브 반찬까지 동시에 만들어 제공할 수 있는 것이죠. 기후 변화와 증가하는 기아 문제에 대응하기 위해서도, 잘 재배된 카사바가 해결책이 될 수 있습니다. 게다가 카사바는 글루텐이 없는 식품입니다. 다양한 대체 탄수화물 요리에 적합하다고 할 수 있죠.

7) 고구마 (SWEET POTATO)

탕가니카 호수 근처에 사는 키하 부족에서는 고구마를 '이빌룸푸'라고 부릅니다. 고구마는 따뜻한 계절에 재배되고 서리에 약한 작물인데요. 주로 르완다, 우간다, 탄자니아에서 대량 생산되고 있어요. 고구마는 5세 미만 어린이의 면역 체계를 강화해주고, 일반적인 질병과 싸우는 데에도 도움이 되는 필수적인 식품이라 할 수 있습니다.

영어 이름처럼 달콤한 맛이 나는 고구마는 어린이들이 참 좋아하는 음식이죠? 우리들은 아침식사로 쪄서 먹거나, 간식으로 튀겨 먹거나, 라마단 기간에는 코코넛 크림이나 땅콩과 함께 조리하는 방식으로도 즐기고 있어요. 어린 시절 제가 가장 좋아했던 추억이 하나 있는데요. 바로 고구마를 콩과 함께 섞어 먹었을 때 입 안 가득 퍼지던 그 풍부한 식감입니다.

8) 야채 (VEGETABLES)

동아프리카의 전통 요리들은 다양한 야채를 중심으로 구성됩니다. 야채가 건강한 식단을 위해 필수적이라는 것은 누구나 동의할 것이라고 생각합니다. 야채는 다양한 색상, 형태, 맛을 제공하면서 요리가 더 다채로운 모습이 되도록 만들어주죠. 동아프리카에서 흔히 볼 수 있는 야채 유형은 다음과 같습니다:

- 잎채소: 시금치, 키삼부(카사바 잎), 고구마 잎, 콩잎, 므치차, 케일(수쿠마)
- 십자화과 채소: 양배추
- 뿌리 채소: 당근, 감자, 카사바, 고구마 (탄수화물이 풍부하며 비타민과 미네랄의 좋은 공급원)
- 파속 채소: 마늘, 양파 (동아프리카에서는 주로 빨간색 또는 보라색 양파)
- 콩과류: 콩, 완두콩, 병아리콩
- 가지과 채소: 토마토, 고추, 바미아(오크라), 냐냐 청구(아프리카 가지), 칠리 고추 (요리에 풍미와 매운맛 추가하는 주요한 재료)

이러한 야채들은 동아프리카 요리의 전통에서 중요한 역할을 해왔어요. 야채는 그 자체로서 반찬으로 소비되기도 하지만, 여전히 전통 및 현대의 많은 요리들의 '기본'이 됩니다. 예를 들어, 케냐와 탄자니아에서 인기 있는 '수쿠마 위키'는 양파, 토마토, 향신료와 함께 조리된 케일로 만들어지는데요. 우갈리와 같은 주식과 함께 제공되는 요리된 야채는 혈당을 낮추는 데 도움을 줍니다.

야채를 고기나 생선과 섞는 것은 비용을 고려했을 때 효율적인 식사 준비 방법이라 할 수 있어요. 비타민, 미네랄, 식이섬유가 풍부한 야채를 단백질, 필수 지방산이 풍부한 고기나 생선과 혼합되면, 그야말로 균형 잡힌 식사가 만들어지는 것이죠.

또, 이런 융합은 맛과 질감에 '대비효과'를 주면서 요리를 더 흥미롭고 즐거운 경험으로 바꿔주기도 합니다. 부드러운 고기나 생선이 야채의 그 아삭함이 만나면 언제나 만족스러운 멋진 식사가 탄생하죠!

대표적인 야채 기반 요리인 『키삼부』의 요리 방법을 소개합니다.

키삼부

kisamvu

[재료]

· 카사바 잎　1/2 킬로그램
· 잘게 다진 양파　1개
· 다진 마늘　1티스푼
· 땅콩버터　1/2컵 (또는 땅콩)
· 소금과 후추　적당량
· 코코넛 크림　1/2컵

[만드는 법]

1. 카사바 잎의 굵은 줄기를 제거하고 믹서기를 사용해 매우 곱게 갈아줍니다.

2. 큰 냄비에 2컵의 물을 끓입니다. 끓는 물에 카사바 잎을 넣고 뚜껑을 덮어 강한 불에서 15분간 조리하며 자주 저어줍니다. 그 후, 불을 줄입니다.

3. 양파와 소금을 추가하고 10분 또는 10분 조금 넘게 조리합니다.

4. 코코넛 크림을 추가하여 충분히 섞이도록 합니다.

5. 땅콩버터를 추가합니다.

6. 소금과 후추로 간을 맞추고, 매우 약한 불에서 잎이 부드러워질 때까지 끓입니다.

키삼부는 밥이나 우갈리, 카사바와 함께 즐기면 좋습니다.

5.

주식 (Staple Food)

동아프리카 주방의 필수 재료

우리는 생산되고 있는 대부분의 식물의 모든 것을 즐겨 먹고 있습니다. 자라나는 식물의 대부분을 채소로 활용해 섭취하고 있죠. 마템벨레(고구마 잎), 키삼부(카사바 잎), 미수사(콩 잎), 음치차(아프리카 연시금치), 양배추 등이 대표적입니다.

이러한 재료들은 주로 메인 스튜를 보완하는 반찬으로 사용되는데요. 앞서 언급한 것처럼, 우리의 식사는 코스의 크기나 개수는 단순하지만, 모든 식사에 전분, 단백질, 채소가 골고루 빠짐없이 포함되어 한 메뉴를 완성합니다. 이와 같은 재료들은 모든 음식을 하나로 연결시켜주는 역할을 하고 있어요.

동아프리카에서 자주 사용되는 재료들.

KULA

NATIONAL MUSEUM

6.

식용 곤충 (EDIBLE INSECT)

식용 곤충(EDIBLE INSECT)

각각의 모든 사회에는 고귀하거나 성스럽다고 여겨지는 어떤 특징 음식도 존재합니다. 그리고 동아프리카 역시 마찬가지죠. 식용 곤충은 많은 아프리카 인구, 특히 빅토리아 호수 주변의 동아프리카 사회에서 중요한 단백질원이자 별미입니다. 가난하든, 부유하든, 모두에게 맛있고, 접근도 용이한 것이 이 식용 곤충인데요.

무엇보다 이 식용 곤충이 가지고 있는 사회적 가치 역시 높습니다. 탄자니아에서는 '세네네', 케냐에서는 '세네세네', 우간다의 바간다 왕국에서는 '은세네네', 잠비아에서는 '엔쇼코노노'라고 알려진 긴뿔메뚜기는 가장 사랑받는 식용 곤충 중 하나인데요. 주로 고단백 보충식으로 영양을 개선하는 데 중요한 역할을 합니다. 이 지역의 원주민들은 관습적으로 식용 곤충을 영양가가 높고 특별한 약효가 있다고 믿으며, 대부분의 원주민들이 세네네가 하늘에서 내려왔다고 믿고 있어요. 그래서 이런 사회에서는 관계에 있어 이 요리가 매우 높은 가치를 지니고 있다 할 수 있죠. 누군가 세네네를 대접한다는 것. 그건 대접받는 사람을 환영하는 최고의 존경의 표시이자 관습으로 여겨지고 있습니다.

특히 세네네는 결혼식 때 화폐나 교환 수단으로 사용되기도 합니다. 탄자니아 하야 부족에서는 결혼식 때 중요한 선물로 사용되고 있고요. 결혼하는 신부가 시댁에 세네네를 바친다면, 관습과 전통을 지키는 가장 배려심 깊은 일등 신붓감으로 여겨지죠. 또한 '세네네 시즌'에는 여성들이 남편을 위해 자랑스럽게 세네네를 수집하고, 그 대가로 전통 천인 키텐게(고귀한 전통 천)와 같은 선물을 받는데요. 이를 통해 결혼 생활이 더 결속력 있고 행복해진다고 여겨집니다.

영양가 높은 긴뿔메뚜기로 만든 ‘세네네’.

탄자니아의 전통 의상 '캉가'를 입고 식사를 즐기고 있는 저자의 모습.

7.

의례와 문화

아프리카 전통 의례의 아름다움은 사랑과 결합을 축하할 뿐만 아니라 가족, 공동체, 문화 유산의 중요성을 강조하는 데 있습니다. 이러한 의례를 통해 수 세대에 걸친 가족(가문)이 보존되고, 대륙의 풍부한 문화 유산이 홍보되는데요. 해서 아프리카의 유산에서는 이러한 의례가 중요한 부분을 차지하게 되었습니다. 어른을 존중하고 조상을 기리는 것 또한 문화의 중요한 부분입니다.

아프리카 문화에서는 이웃의 기쁨과 슬픔을 공동체와 함께 나누는 것이 일반적입니다. 제 결혼식에 700명이 넘는 손님들이 왔다는 것도 그것을 방증하죠. 아프리카에서는 서로에게 '어디에서 왔는지', '누가 초대했는지' 따위를 묻지 않습니다. 그보다는 '식사를 했는지' 또는 '누군가 당신을 대접했는지'에 대해 질문을 던지는데요. 따라서 결혼식이나 장례식에는 알고 지내던 사람들뿐만 아니라, 모르는 사람들까지도 많이 참석합니다. 이러한 행사는 사람들을 한데 모으는 주요한 역할을 하고 있죠. 스와힐리어 속담에 '셰레헤 니 와투'(sherehe ni watu)라고 하는데, 이는 '의례의 성공은 가능한 많은 사람들의 참석에 달려있다'는 의미입니다.

'죽음'은 고인에 대한 마지막 의례로 여겨집니다. 그래서 가족, 친구, 이웃이 고인의 집으로 이동할 수 있는 충분한 시간을 갖기 위해, 최대 40일까지 이어지기도 하죠. 보통 가장 나이가 많고, 사회에서 중요한 역할의 사람들이 가장 의례적인 장례를 치르게 되는데요. 공동체(친구, 가족, 이웃)는 고인의 가족이 필요한 음식을 준비하고 정식 애도 기간을 시작하는 데 도움을 아끼지 않습니다. 여성들은 종종 캉가 또는 레소라고도 알려진 포장된 천 조각, 특별한 옷을 입고, 머리 스타일을 자르거나 바꿉니다. 때로는 머리에 스카프를 쓰기도 하죠. 이 기간 동안 사람들은 바닥에 깔린 매트 위에서 잠을 청하며, 최대 40일 동안 고통을 함께 겪는 행동을 보여줍니다.

'결혼식'은 동아프리카 사회에서도 중요한 이벤트 중 하나입니다. 세대를 거쳐 전해진 많은 관습 중 하나라고 할 수 있죠. 케냐와 탄자니아 해안 지역의 사람들 사이에서 이 축하 행사는 이틀에서 일주일까지 이어지는데요. 결혼식이 종종 많은 의례를 포함하는데, 예를 들어 신랑 측이 신부 가족에게 제공하는 '마하리'(스와힐리어로 지참금 또는 신부값)와 같은 의식이 그렇죠. 이는 신랑에 의해 신부가 구매되었다는 의미가 아니라 서로에 대한 헌신을 증명하는 상징적인 표현이라 할 수 있습니다.

탄자니아의 하야 부족에서는 신부를 시집 보낼 때 지참금을 주는 관습이 있습니다. 이를 '마쿨라'라고 합니다. 이 용어는 '성장하다'라는 뜻의 스와힐리어 동사 'Kukura'에서 유래되었는데요. 르완다에서는 '인콰노'로 알려져 있습니다. 지참금은 다양한 형태의 지불 방식을 가질 수 있는데요. 소나 염소와 같은 동물, 물품, 소액의 현금 또는 수수께끼를 푸는 등의 방식으로도 지불이 가능하죠. 물론 이런 관습이 재미있을 수도 있겠지만, 때때론 참 힘든 경험이 되기도 합니다.

제 여동생 조하리가 결혼할 때 아버지가 더 이상 구매력이 없는 툼니 동전(1/4 실링)을 달라고 했던 기억이 납니다. 그 이유를 물었을 때, 아버지는 이렇게 말씀하셨죠. "내 딸이 매우 소중하기 때문에, 그 어떤 금액도 충분하지 않다"라고요.

DRC(콩고민주공화국)의 일부 지역에서는 신부 값을 '비우마'라고 부르는데, 신랑에게는 노동의 형태로 신부값을 제공할 수 있는 옵션이 있습니다. 즉, 신랑이 신부 가족을 위해 합의된 작업이나 일정 시간 동안 일을 하는 것이죠. 이는 동아프리카의 많은 모계 사회에서도 마찬가지입니다. 일부 부족에서는 신부값이 신부 가족에게 공평하게 분배되지 않으면 조상들의 분노를 불러일으켜 부부에게 불임을 초래할 수 있다고 믿습니다. 따라서 마하리, 인콰노, 비우마, 무쿨라 또는 지참금 같은 것들이 가족의 안녕을 위해 필수적이라 여겨지고 있죠.

지참금 외에도 결혼식을 앞둔 신부에게는 참 다양한 여러 의식이 있습니다. 예를 들어, 신부는 결혼식 전 7일 동안 실내에 머물러야 합니다. 이 의식에서는 어머니가 직접 관여하는 것이 허용되지 않으며, 신부의 샹가지(신부 아버지의 혈육 자매) 또는 우간다에서는 '센가'라고 알려진 인물이 할머니와 함께 결혼과 결혼 생활에 대한 특별한 교훈을 준비합니다. 이 기간 동안 향기로운 목욕, 스크럽, 머리 손질, 향, 헤나(전통적인 공작 문신)로 몸을 장식하는 등의 활동이 이루어지는데요. 여성 가족 구성원과 친구들도 이 의식에 참여하여 팔, 다리, 발 등 몸의 여러 부분에 헤나를 바를 수 있습니다. 이 기간 동안 무용과 응고마(전통 북)가 동시에 진행되며 때로는 결혼식 내내 계속되기도 하죠. 결혼식 당일 신부가 아버지 집을 떠나 신랑의 집으로 갈 때, 신부의 숙모는 문가에 서서 특별한 선물을 받기 전까지는 딸을 데려가지 못하도록 합니다. 따라서 캉가와 같은 선물은 가족의 지위에 따라 수십 개 또는 수백 개가 준비됩니다.

캉가는 일반적으로 폭 150cm, 길이 110cm인 직사각형이며, 네 면 모두에 테두리가 있다. 종종 캉가에는 가운데 부분에 상징적인 메시지가 적혀 있으며, 위 사진에서는 '신은 공평하다'라는 문구가 적혀 있다.

캉가는 200년 이상 동아프리카 여성들이 착용해 온 천으로, 독특한 제작방법과 디자인을 가지고 있습니다. 네 변에는 테두리가 있고 중앙 부분(므지)은 다양한 색상과 패턴으로 디자인되며, '우줌베' 또는 '코소모'라고 하는 좋은 경구가 적혀 있어요. 캉가는 다양한 용도로 사용되는데요. 결혼 생활 내내 신부가 들고 다닐 수 있는 아주 중요한 선물입니다. 캉가는 출산부터 유아기까지 아기를 안는 데에 사용되고, 주방에서는 앞치마와 받침대로도 쓰입니다. 신부가 샤워 후에 입거나, 사회적 행사나 결혼식, 장례식에 참석할 때 몸을 감싸기도 하죠. 캉가는 나이나 사회적 지위에 관계없이 모든 이를 하나로 묶어주며, 동아프리카 여성에게 강렬하고 의미 있는, 그런 친밀한 경험을 제공합니다.

음식을 덮는 뚜껑을 뜻하는 '카와'와 마찬가지로, 캉가에 적혀진 격언은 우리 문화의 간접적인 이야기를 전하는 문학의 모습으로 어떠한 메시지를 전달합니다. 이런 메시지 중 일부는 수수께끼, 관용구, 속담 또는 현재 통용되는 유행어의 형태가 될 수도 있죠. 따라서 캉가에 담긴 메시지는 결혼식, 정치 캠페인, 종교의식 및 기타 각계각층에서 다양한 방식으로 전달됩니다. 이를테면 캉가는 이동식 광고판이라고도 할 수 있겠습니다. 결혼식에서는 가족들이 의도적으로 행사에 맞는 메시지를 선택하는데요. 여기에 담긴 메시지가 오해를 불러일으킬만한 모호한 글이라면, 각각의 가정 사이에 나쁜 감정이 유발될 수도 있겠죠?

캉가는 결혼식의 장식, 혹은 결혼 파티 유니폼으로 사용되는 것 외에도, 신부의 어머니나 이모에게 감사의 표시, 즉 선물을 상징하기도 합니다. 예를 들어, 캉가에는 '아산테 무자 체마'라고 적혀 있는데, 이는 신부의 부모에게 감사를 표하는 문구입니다.

아직까지 언급하지 않은 인물 중에서, 아버지의 여동생(숙모)과 어머니의 남동생(삼촌) 또한 결혼 준비와 협상에서 중요한 인물인데요. 많은 아프리카 공동체에서 삼촌과 이모는 존경받는 중재자 역할을 수행합니다. 결혼식이나 장례식 계획에 있어서도 특별한 지위를 가지고 있다 할 수 있죠. 즉, 이들은 당신이나 당신의 어머니가 결정을 할 수 없는 순간이 왔을 때에, 여러 가지 결정권을 가지고 있는 사람입니다.

제 부족과 탕가니카 호수 주변의 많은 민족에서는 결혼식 후 숙모가 신부와 함께 신랑의 집으로 가서 일주일 동안이나 머무릅니다. 이는 신부가 새로운 가정에서 적응할 수 있도록 준비하는 특별한 의식으로 여겨지는데요. 숙모는 신랑의 가족을 평가하기도 하고, 신부와 그녀의 가족에게 어떻게 그 가정에서 살아야 할지 조언해줍니다.

한편, 신부는 결혼식에서 감정을 드러내지 않아야 합니다. 꼭 나타낼 수밖에 없다면, 오직 눈물만이 허용되죠. 왜 아버지의 집을 떠나는 날, 춤을 추며 행복해 보여야 할까요? 제 결혼식 때에도, 저는 고개를 숙였습니다. 신랑 쪽의 존경받는 숙모인 샤리파가 저에게 다가와 일요일에 리셉션 파티가 열린다며, 조금이라도 웃고 춤을 추어 신랑의 가족에 합류하는 기쁨을 표현해도 되지 않겠냐고 이야기했었는데요. 저는 그렇게 할 수가 없었습니다. 어떻게 딸이 아버지를 떠나며 환하게 웃을 수 있었겠어요?

하지만 시대가 바뀌었습니다. 요즘 신부들은 춤을 추고, 크게 말하며, 다양한 방식으로 행복을 표현합니다. 제 숙모 야야가 살아 있다면 무덤에서 벌떡 일어났을 거에요. 제 결혼식에 대해 더 많은 것이 궁금하실 수도 있겠지만, 아래 소개할 마사이의 결혼식이나 '늄바 은토비'와 같은 특별한 결혼 의례에 비하면 아무것도 아닙니다.

1) 늄바 엔토비

NYUMBA NTHOBI

아프리카 여러 국가에서는 여성이 과부가 되어 남성 후손이 없을 경우, 사망한 남편의 가족 구성원이 모든 소유물을 가져갈 수 있습니다. 이는 농업이 여전히 경제의 기반이고, 사람들의 생존에 필수적인 토지 소유 관련 문제 때문입니다.

동아프리카의 일부 지역, 특히 탄자니아의 마라 지역에서는 과부들이 이런 문제를 방지하기 위해 '늄바 은토부'라는 전통적인 비-성적 동성 결합 형태를 시작했습니다. 이는 "여성의 집"이라는 의미를 가지고 있는데요. 이는 독특한 구조로, 남성 후손이 없는 노년의 과부와 자녀가 없는 젊은 여성, 이른바 '무카므와나'(며느리) 사이에 형성되는 파트너십입니다. 이 이름 자체는 신랑의 어머니와 신부 사이의 관계처럼 존중을 기반으로 한 관계를 의미합니다. 이것은 오랫동안 존재해 온 대안적 가족 구조로, 정확한 시작 시기는 알려지지 않았지만 주요 목적은 과부가 자신의 재산을 유지할 수 있도록 하는 것이죠. 이 관습은 서양의 동성 결혼 같은 것과는 다르고요. 오히려 현대의 입양 시스템과 비슷하다고 볼 수도 있겠습니다.

이런 구조는 여성의 권한 강화를 추구하며, 남편이 사망한 후에도 재산을 유지하고 소유할 권리를 가지려는 노력에서 시작됐습니다. 따라서, 무카므나와는 본인의 핏줄을 이어 나가기 위해 자녀를 낳을 수도 있습니다. 이러한 구조에서 태어난 아이는 과부의 성을 따릅니다. 이 과정에서 여성이 임신할 수 있도록 도와줄 남성이 준비되며, 계약된 남성은 두 여성과 함께 자신이 이 협약에서 태어난 어떤 아이에 대해서도 부모로서의 권한을 요구하지 않기로 동의하죠.

2) 마사이족의 결혼

마사이족의 결혼은 신부와 그녀의 어머니에게 알리지 않고, 장로들이 결혼을 주선하는 방식으로 진행됩니다. 소년이 어떤 소녀를 좋아하게 되면, 그는 우선 자신의 부모에게 알립니다. 그런 뒤 소년의 부모는 소녀의 가족에게 자식들의 결혼을 요청합니다. 만약 소녀의 가족이 동의하면, 소년의 부모는 다음 방문 때 소, 염소, 양, 침대 시트, 담요 등의 동물로 구성된 지참금을 가지고 돌아옵니다. 이러한 행위는 결혼의 의도를 공식화하고, 최종 확인을 위한 의식을 기다리는 동안 약혼을 공식화하는 절차라고 할 수 있죠.

결혼식 의상은 소의 가죽으로 만들어지는데요.
자연적인 점토 안료인 붉은 황토색 올카리아로
장식되어, 많은 마사이 축하 행사, 특히 전사와
여성들 사이에서 매력적이게 보여요.

신부와 신랑 모두 머리에 붉은 황토를 바르며 아름다움을 더합니다. 결혼식 날, 남성들은 문에서 막대기를 들고 서로 교차하여 문 모양을 만듭니다. 신랑 들러리가 먼저 문을 통과하고, 그 뒤를 이어 신랑과 그의 부모가 따릅니다. 신부와 신랑의 발을 우유와 꿀로 씻는 의식을 포함해 여러 의식이 진행되고요. 이때 전통적인 마사이 수카(밝은 빨간색의 마사이 천)로 두 사람을 묶습니다. 이건 두 연인을 해당 부족의 결혼한 부부로 환영하기 전에 수행하는 의식입니다. 신랑은 신부에게 박에 담긴 우유와 지방을 선물하는데요. 신랑의 집에 도착하기 전 신부는 앉은 채로 우유 음료를 세 모금 마십니다.

결혼한 부부는 가족과 이웃으로부터 소, 양, 염소를 결혼 선물로 받습니다. 노인들은 부부를 환영하며, 신랑의 집에서 가져온 큰 양이나 소를 잡죠. 한편, 신부의 가족은 신부를 위해 특별한 염소를 가져오는데요. 신부는 신랑의 집에서 나온 고기는 먹지 않습니다.

마사이 전사들은 기쁜 날을 축하하며 점프 댄스와 함께 노래를 합니다. 그리고 고기는 그릴에 구워 동아프리카 최고의 바비큐인 냠마 초마를 만들어 냅니다. 이와 함께 모두가 함께 술을 마시며 결혼을 축하하죠.

장례식이든 결혼식이든 모든 의식적인 행사에는 냐마 초마(Nyama Choma), 필라우(Pilau), 비리아니(Biriani), 카첨바리(Kachumbari)와 같은 음식들이 이벤트를 한껏 돋보이게 만들어줍니다.

1

냐마 초마

Nyama Choma

냐마 초마(구운 고기)는 세대에서 세대로 전해 내려오고 있는 위대한 우리들의 전통입니다. 특히 유목민과 가축을 기르는 공동체에서는 고기 없이는 축제가 완성되지 않는다 여겨지거든요? 그건 아마도 유목민과 가축을 기르는 지역들이 아프리카에서 두 번째로 큰 가축 사육 인구를 지니고 있기 때문일 것입니다.

전통적으로 냐마 초마는 조리할 때 숯이나 불을 사용합니다. 사람들은 불 주변에 앉아 서로 고기 굽는 것을 돕죠. 염소, 닭, 생선 또는 소를 구울 수 있습니다. 이처럼 냐마 초마는 사람들을 한데 모으는 역할을 하는데요. 환대와 우정의 상징을 표방하죠. 축하할 자리나 여러 모임 때 친구들과 가족들 사이에서 자주 나누어 먹습니다.
냐마 초마의 기원을 알아볼까요? 케냐와 탄자니아에 있는 유목민족인 마사이 사람들의 전통 요리 방식으로 거슬러 올라갑니다. 목축업에 크게 의존하던 마사이족에겐 고기를 굽는 것이 일반적인 관행이 되어 있었습니다. 시간이 지나면서 동아프리카의 다른 공동체들도 이 요리 방법을 사회적 구조와 문화의 일부로 받아들이고 각자 변형시켜 나갔죠.

냐마 초마는 요리법이 간단한 편인데요. 그럼에도 스모키한 풍미가 더해져 동아프리카에서 퍽 사랑받는 별미로 자리 잡고 있습니다. 냐마 초마의 요리 과정은 다음과 같습니다.

[재료]

· 고기
(소고기/닭고기/염소고기/생선 기호에 맞게 선택)
· 마늘 적당한 양
· 소금
· 다진 로즈마리 잎 조금
· 레몬 또는 라임 즙
· 후추 및 소금
· 식용유

[요리법]

1. 먼저 고기를 선택합니다. (소고기, 닭고기, 염소고기, 생선 등)

2. 마늘, 생강, 소금, 식용유, 다진 로즈마리 잎, 후추를 준비합니다. 이 모든 재료들이 조화를 이루며 요리에 깊이와 톡 쏘는 맛을 더합니다. 특히, 신선한 마늘과 생강은 냐마 초마의 풍미와 향을 향상시키는 데 필수적입니다. 이 재료들을 넉넉히 사용하세요.

3. 위의 모든 재료를 레몬 또는 라임즙과 함께 섞어 주세요.

4. 고기를 큰 볼에 넣고 섞은 재료와 잘 섞어 각 조각이 고루 양념되도록 저어줍니다.

5. 고기 크기에 따라 2시간 동안 또는 가장 이상적으로는 냉장고에서 하룻밤 동안 재워둡니다. 이렇게 하면 고기가 풍미를 흡수하고 부드러워져 더 맛있는 냐마 초마가 됩니다.

6. 숯불 위에서 천천히 그릴에 구워주세요. 굽는 과정은 냐마 초마의 특유의 맛을 내는 데 중요하며, 고기에 스모키하고 약간의 탄 맛을 더합니다. 고기는 골고루 익도록 지속적으로 뒤집어주며, 경우에 따라 고기가 촉촉하고 부드럽게 유지되도록 추가 양념을 발라줍니다.

7. 가장 맛있게 요리하려면 마사이족 방식으로 숯이나 모닥불을 사용하길 권장하지만, 오븐을 사용해도 좋습니다.

8. 고기의 크기에 따라 30~1시간 동안 천천히 굽습니다.

고기의 향을 즐기고 있다 보면, 냐마초마가 완성됩니다!

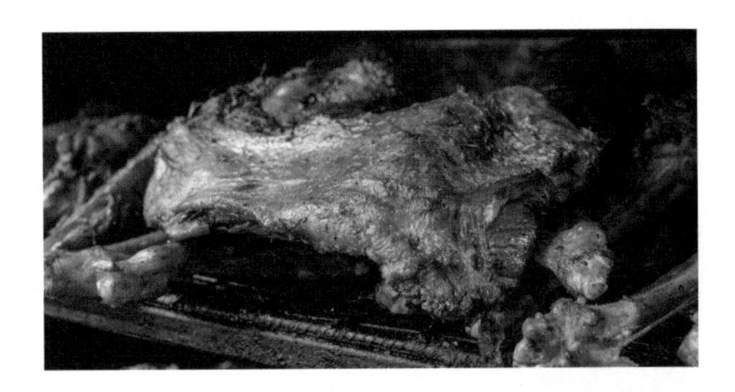

2

필라우

Pilau

필라우는 아프리카, 인도, 아랍의 것들이 결합된 향신료 첨가 밥 요리입니다. 이 요리는 동아프리카 해안에서 기원하여 이슬람 축제인 이드(Eid) 등에 자주 만날 수 있죠. 축제, 결혼식, 휴일, 장례식 등에서 인기 있는 음식입니다. 손님을 위해 필라우를 요리하는 것은 존중과 따뜻한 환대를 상징합니다. 필라우는 입안에서 사르르 녹을만큼 맛있습니다. 준비하기 쉽고 요리 시간이 짧다는 점도 특징입니다. 때문에 여전히 남녀노소 많은 이들에게 사랑받고 있죠.

[재료]

· 쌀　1/2kg(반 킬로그램)
· 소고기　반 킬로그램 (닭고기도 사용 가능), 조각내어 깨끗이 씻기
· 양파　1개(중간 크기, 얇게 썰기)
· 당근　1개
· 완두콩　1/8킬로그램(선택 사항)
· 다진토마토(또는 혼합 토마토)　1개
· 감자　3개(슬라이스 썰기)
· 필라우 마살라
(계피, 카다멈, 커민, 고수)
· 마늘　4조각
· 식용유　5큰술 정도

[만드는 법]

1. 고기(소고기 또는 닭고기)에 레몬즙, 식초, 소금을 뿌려 잘 절여주세요.

2. 팬을 불에 올리고 기름을 두르면, 양파를 넣고 황금색이 될 때까지 볶습니다.

3. 감자를 추가하여 약간 볶은 후 토마토와 당근을 추가합니다.

4. 고기를 넣고 뚜껑을 덮어 약 10분간 조리합니다.

5. 밥을 넣고 몇 초간 볶은 후 필라우 마살라(향신료)를 모두 추가합니다.

6. 적당량의 물을 추가하고 물이 거의 마를 때까지 약 10분간 뚜껑을 덮고 끓입니다. (물은 밥을 덮을 정도로 충분합니다.)

7. 골고루 저어주면서 필라우가 잘 마르도록 합니다.

8. 밥솥을 사용하는 경우, 매우 약한 불에서 10-15분간 더 조리합니다.

필라우가 준비되었습니다. 카첨바리와 함께 드시면 더 좋습니다.

* 카첨바리

3

스와힐리 비리아니

SWAHILI BIRIANI

동아프리카 사회의 다문화적 특성은 스와힐리 비리아니에서도 찾아볼 수 있습니다. 아랍, 인도, 파키스탄 요리에 익숙한 분들이라면 아마 비리아니를 접해 보셨을 것 같아요. 스와힐리 비리아니는 캐러멜라이즈된 양파 소스를 별도로 곁들여, 화려한 밥과 함께 혹은 단독으로 즐길 수 있는 특별한 요리라 할 수 있죠.

최근 탄자니아에서는 무슬림의 기도일인 금요일을 비리아니의 날로 지정하는 새로운 전통이 생겼습니다. 비리아니는 인기가 많지만, 집에서 조리하는 사람은 드물어 대부분 외부에서 주문합니다. 사실 저도 한국에 오기 전까지는 비리아니 요리법을 몰랐습니다. 이 맛있는 레시피를 배워서 친구들과 함께 즐기고 싶었는데요. 그래서 쿠킹 클래스에 열심히 참여하며 비리아니 요리법을 배울 수 있게 됐습니다.

예전에, 비리아니 요리를 가업으로 하는 멋진 여성을 만난 적이 있었어요. 그녀는 사심 없이 흔쾌히 저에게 레시피를 전수해 주었었는데요. 다다 마리암 아부바카르로부터 배운 레시피를 이곳에 공유하게 되어 정말 기쁜 마음이에요.

[재료]

· **미트 소스**

- 고기 1/2kg (또는 통닭 한 마리)
- 다진 양파와 생강 1큰술
- 으깬 고추 1큰술
- 곱게 간 커민 1큰술
- 계피 가루 1큰술
- 요구르트 한 컵
- 조각낸 호박 1개
- 얇게 썬 양파 6개
- 블렌딩된 토마토 8개
  (원한다면 당근과 함께 블렌딩)
- 토마토 페이스트 4큰술
- 한입 크기로 자른 큰 감자 4개
- 식용 색소
- 식용유
- 소금 한 티스푼
- 레몬즙

· **밥**

- 쌀 반 킬로그램(1/2kg)
- 올리브 오일 3큰술
  또는 버터 2큰술
- 식용 색소(황금색과 녹색)

[만드는 법]

미트 소스 준비

1. 요거트에 토마토, 양파, 마늘, 생강, 고수를 넣고 블렌드합니다. 이 혼합물을 소고기에 넣고 소금과 레몬즙을 추가합니다. 기름을 두르고 쇠고기를 불에 올립니다. 닭고기는 과도하게 익히지 마세요.
2. 양파 5개를 노릇노릇해질 때까지 볶은 후 따로 둡니다.
3. 감자에 조금의 식용색소와 소금을 넣고 잘 섞은 후, 감자가 익을 때까지 기름에 볶습니다.
4. 고기에 감자와 양파를 추가하고 5분간 끓입니다. 소스가 준비됩니다.

밥 준비부터 시작하세요

5. 잘 씻은 쌀을 불에 넣고 몇 분 동안 불린 다음 익기 시작할 때까지 뚜껑을 덮은 다음 물을 붓습니다.
6. 불에 다시 올리고 오일과 바닐라 티스푼을 추가합니다.
7. 밥의 한쪽에 구멍을 내고 노란색으로, 다른 한 쪽은 녹색으로 색을 입힙니다.
8. 밥을 건조하게 익힐 수 있도록 뚜껑을 닫고 잘 섞어 다양한 색이 나도록 합니다.
9. 비리아니가 준비되었습니다.

* 참고: 스와힐리 비리아니의 소스와 밥은 별도로 준비되며, 서빙할 때만 섞습니다.

4

카첨바리

KACHUMBARI

카첨바리는 신선한 토마토와 양파로 만든 샐러드입니다. 레몬즙과 소금 드레싱을 더해 아프리카 전통의 맛을 느낄 수 있죠. 이 샐러드는 필라우나 비리아니와 함께 반찬으로 제공되기도 하고, 밥, 냐마 초마, 차파티 등의 주요한 요리와 함께 즐기실 수도 있습니다. 요리법이 간단해 미시카키와 같은 구운 고기와 함께, 길거리 음식으로도 인기가 많아요. 집에서는 아보카도, 다진 고수, 후추 등을 추가해 더욱 풍부한 맛을 즐길 수 있는데요. 카첨바리는 더 먹고 싶게 만드는 아름다운 색과 맛을 가지고 있는 음식이랍니다.

[재료]

· 큰 보라색 양파 1개(흰색도 가능)
· 큰 토마토 2개
· 아보카도 ¾개(선택 사항)
· 작은 고추 1개(선택 사항)
· 라임 ½개
· 다진 생 고수 1큰술

[만드는 법]

1. 양파를 작게 썰어 볼에 담고, 소금물에 5분간 담갔다가 건져 냅니다.

2. 토마토, 아보카도, 고추(사용하는 경우)를 슬라이스하여 중간 크기의 볼에 담습니다.

3. 모든 재료를 잘 섞습니다.

4. 라임즙을 추가합니다.

5. 잘 섞어 샐러드 맛을 확인해봅니다.

6. 필요할 경우 소금 또는 라임즙을 더 추가합니다.

* 참고: 채소를 비슷한 스타일과 크기로 썰어서 사용하면 더 훌륭한 요리를 만들 수 있습니다!

PPING
R
POLEPOLE
ZANZIBAR
HAKUNAMATATA
NAKUPENDA
JAMBO
KARIBU
ZANZIBAR
POLEPOLE

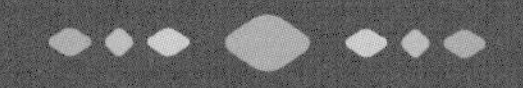

8.

종교

ISMAILI KHOJA
JAMATKHANA

동아프리카의 모든 종교는 창조주인 최고신을 믿습니다.

기독교, 이슬람교, 아프리카 전통 종교를 막론하고 더 높은 힘의 존재를 믿고 있죠.

스톤 타운에서 포착된 잔지바르 문은 복잡한 조각과 아름다운 장인정신으로 유명하다. 이슬람 인구가 많은 동아프리카 해안 지역의 문화적, 역사적 의미를 보여주는 상징물의 사진

콩고민주공화국에서는 ‘잠비’를, 케냐의 키쿠유족은 ‘무룽구’를, 마사이족은 ‘엔가이’, 르완다에서는 ‘이마나’를 하느님(스와힐리어로는 ‘무룽구’)이라고 부릅니다. 이런 다양한 명칭에도 불구하고 사람들은 영적인 힘이 삶에 긴밀하게 관여한다고 믿습니다. ‘영혼을 기쁘게 하면 성공이 보장될 것이다. 그러나 그렇지 못할 경우 불행이나 질병, 악이 당신을 찾아갈 수 있다’라고 말이지요.

많은 토착 신앙에서는 조상들의 분노가 잘못을 범한 이들에게 영향을 미칠 수 있다고 믿기에, 사람들은 관습을 따르고 정의를 실천하는 데에 매우 신중한 편입니다.

동아프리카는 문화뿐 아니라 종교의 용광로와도 같다고 할 수 있어요. 탄자니아에서는 무슬림과 기독교인 간의 결혼이 이런 현상을 더욱 뚜렷하게 보여주고 있죠. 저는 어려서부터 종교적 융합을 경험했었는데요. 오전에는 가톨릭 미션 스쿨에서 보육원 생활을 하고 오후에는 마드라사에서 쿠란을 배웠습니다. 그곳에서 종교적 관용과 화합을 처음 접했습니다.

성인이 된 후에는, 시아버지가 무슬림이고 시어머니가 기독교인인 가정과 결혼했어요. 사순절이나 라마단 기간에는 우리 가족의 믿음이 모든 이에게 동일하게 존중받습니다. 동아프리카에서는 모든 종교 행사가 중요하게 여겨져요. 무슬림의 금요일 기도와 기독교의 일요일 예배의 중요성 모두가 그렇죠.

따라서 이슬람 달력에서 한 달인 라마단 기간에는 이슬람 신앙에서 성스러운 달로 여겨집니다. 1년에 단 한 번 달이 뜨는 시기에 맞춰 전 세계 모든 무슬림이 새벽부터 해질 때까지 마시거나 먹지 않고 금식하는 달입니다. 저는 7살쯤 금식을 시작했던 것 같아요. 이 기간 동안 삶이 새로워지고 흥미로워지면서, 복장은 물론 식사 종류와 식사 시간도 바뀌는데요. 이프타르(단식을 마치고 하는 첫 식사)와 수후르(자정 식사, 스와힐리어로는 다쿠)라는 새로운 경험을 하게 됩니다.

이런 과정 속에서 동아프리카인이 살던 세계는 낮이 밤이 되기도, 밤이 낮이 되기도 하는 식으로 뒤바뀝니다. 일부 규칙은 없어지기도 하지만, 새로운 규칙이 다시 만들어지며 전체적인 문화는 그대로 보전되죠.

이런 규칙들은 신성한 구속력을 가지며, 가정에서는 헌신적인 행위가 계속됩니다. 저는 밤에 깨는 것을 좋아하지 않고 잠을 즐기는 편이거든요? 그런데 이 달은 다쿠(자정 식사)때문에 억지로 잠에서 깨는 유일한 달이에요. 거리에는 북을 든 소년들이 스와힐리로 '암케니 쿨라 다쿠'(Amkeni Kula Daku)라고 하는 멋진 현지식 노래를 부르며 집집마다 노크를 하고 수후르를 먹으러 일어나라고 깨워줍니다. 모두가 아직 반쯤 잠든 상태에서 서둘러 먹고, 마시고, 다시 잠자리에 들기 위해 노력해요.

앞서 낮이 밤이 되고 밤이 다시 낮이 된다고 이야기했듯, 라마단 기간 내내 소년들이 집 문을 두드리게 되는데, 이드 축제 당일 아침에는 지난 28일 동안의 수고에 대한 선물을 보상받고자 또다시 북을 두드리며 찾아오기도 합니다.

다쿠를 먹은 후에는 증조할머니께서 다음 날 금식할 것인지 의사를 물어보시곤 했었어요. 증조할머니는 항상 큰 목소리로 우리의 의사를 물어보셨는데, 저희는 속삭이듯 중얼거리며 답변했어요. 할머니는 우리가 중얼거리는 것을 의도했든 의도하지 않았든 꽤나 답답해하셨던 기억이 납니다. 저는 어렸고, 그저 다시 잠을 청하고 싶을 뿐이었어요. 저의 경우, 한밤중에 누구도 깨우려 들지 않았습니다. 그저 함께 단식을 하고, 이후에는 다양한 음식을 즐기고는 했어요.

'금식'은 우리들의 몸에 다양한 긍정적 영향을 미친다고 생각해요. 해독 효과는 물론, 어떤 바이러스를 제거하는 데에도 도움을 주어 건강을 유지시켜주는 것 같아요. 또, 금식은 도덕과 연민을 가르치기도 하죠. 적게 먹는 법을 배우며, 음식이 부족한 이들과 공감하고 모든 인간에 대한 존중을 배우게 해줍니다. 많은 교회에서는 무슬림에게 이프타르(단식 후 첫 식사)를 제공하고, 일부 기독교인 친구들은 무슬림과 함께 금식하기도 하는데요. 이는 앞서 소개했던 아프리카의 전통과도 같이, 공동체를 하나로 모으는 데에 큰 역할을 했어요.

라마단 기간 동안에는, 설사 가족이 없는 사람일지라도 누구든 식사에 초대할 수 있어요. 가족들은 항상 많은 음식을 준비해서 이웃과 나눕니다. 모든 음식은 풍성하게 차려지고 아이들은 이웃에게 음식을 배달하는 역할을 맡죠. 각 식탁에는 다양한 음식이 차려지고, 선택의 폭도 넓어집니다. 라마단 기간 동안 집안의 향기는 항상 특별해요. 때문에 그날의 분위기가 더욱 기억에 남게 되는 거죠. 이 기간 동안만 준비할 수 있는 가장 맛있는 음식들이 몇 가지 있는데요. 여러분들께 소개해드립니다.

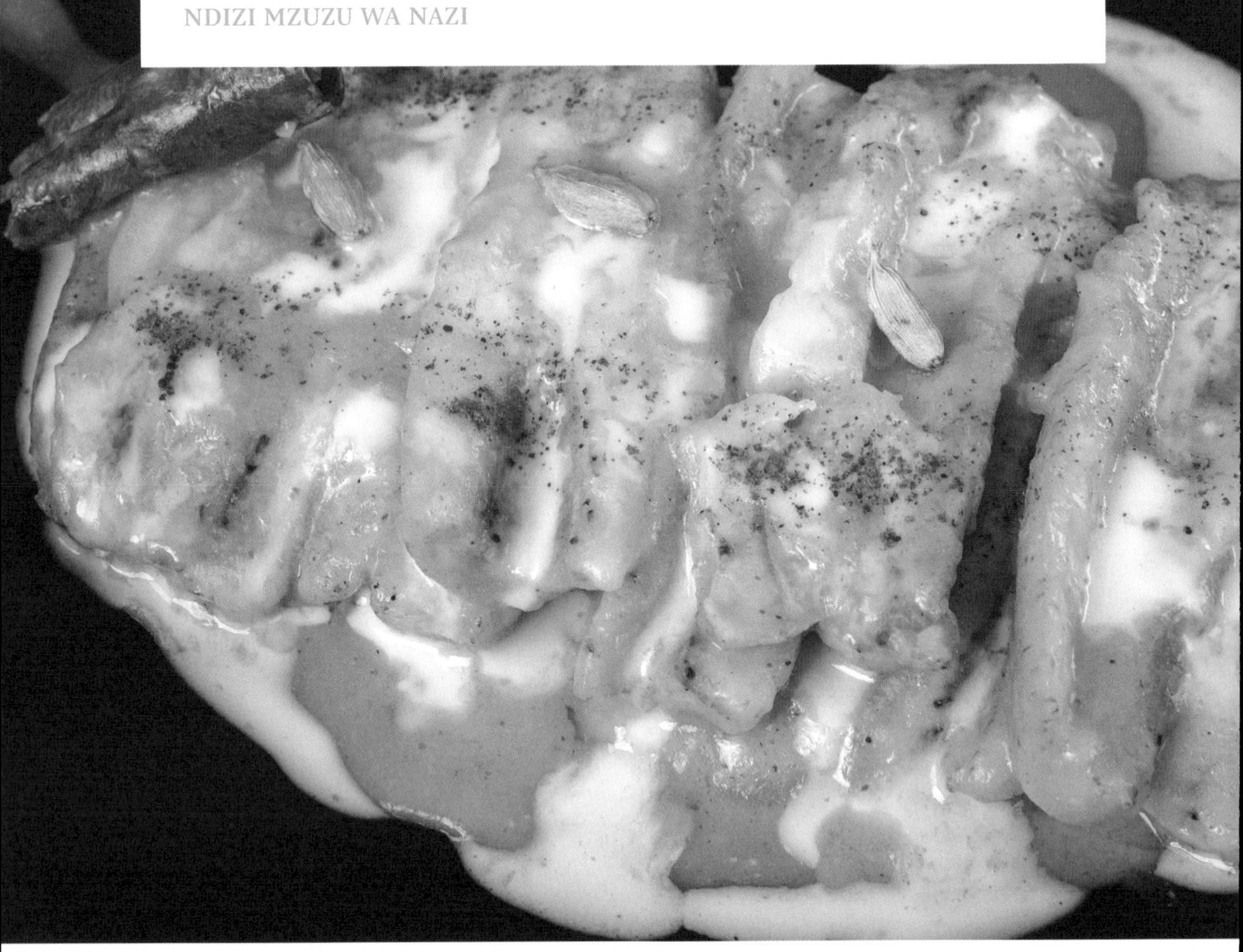

1

엔디지 므즈즈 와 나지

NDIZI MZUZU WA NAZI

코코넛 크림의 달콤한 질경이로, 엔디지 음코노 와 템보 카 나지의 오리지널 버전입니다. 코코넛 밀크로 조리한 후 설탕으로 단맛을 내어 더욱 맛있게 먹을 수 있는 전형적인 동아프리카의 달콤한 요리에요. 메인 코스로도, 디저트로도 먹을 수 있죠. 질경이(바나나의 한 종류로, 스와힐리어로 음코노 와 템보라고 하며, 이는 질경이의 길이와 모양이 코끼리 코를 닮았다고 해서 코끼리의 코라는 뜻)는 잔지바르에서 매우 인기 있는 음식이랍니다.

[재료]

· 플랜테인　4개
(잘 익은 큰 요리용 바나나)
· 설탕　5스푼
· 소금　한 꼬집
· 물　½컵
· 코코넛 크림　1컵 (코코넛 2개 분량)
· 우유　1컵
· 으깬 카다몬　1작은술
· 바닐라 에센스　세 방울

[요리법]

1. 바나나와 질경이의 껍질을 벗기고, 질경이는 덩어리로 자른 다음 얇게 썰어서 가운데 선을 제거합니다. 이를 얕은 냄비에 넣습니다.

2. 코코넛 크림 반 컵과 물을 넣고 부드러워질 때까지 약한 불에서 끓입니다.

3. 블렌더에 설탕, 카다몬, 코코넛, 소금을 넣고 고루 섞습니다.

4. 블렌딩한 코코넛 믹스를 냄비에 추가하고 저어주지 않은 채로 약한 불에서 10~15분간 더 끓여 걸쭉하게 만듭니다.

5. 따뜻하게 또는 차갑게 드세요.

이 요리는 고기 소스나 사마키, 쿠파카(생선)와 함께 드시면 좋습니다.

(2)
사마키 와 쿠파카

SAMAKI WA KUPAKA

사마키 와 쿠파카는 특히 잔지바르와 몸바사 같은 해안 지역에서 인기 있는 동아프리카 스튜입니다. 지역에 따라 다양한 종류의 생선으로 만들 수 있어요.

[재료]

메인 요리 재료

· 큰 생선 1개
(깨끗이 손질하고 뼈를 발라낸)
· 마늘 2큰술
· 으깬 고추 1큰술
· 생선 마살라 1큰술
· 레몬 1개
· 소금 적당량
· 어유
· 딜가루 ½큰술

로조(ROJO) 재료

· 양파 2개
· 토마토 2개
· 진한 코코넛 밀크 ½개
· 토마토 페이스트 1작은술
· 커민 ½작은술
· 후추 1~2개
· 레몬즙 1컵

코코넛 소스 재료

· 진한 코코넛 크림 3컵
· 카레 가루 1큰술
· 으깬 고추 1큰술
· 계피 가루 1큰술
· 양파 1큰술

[요리법]

1. 생선 재료를 모두 섞은 후 생선에 재료를 골고루 바릅니다.

2. 생선 위에 조금의 기름을 발라 그릴에 붙지 않도록 합니다.
(재료가 떨어지지 않게 조심스럽게 발라주세요.)

3. 생선을 그릴에 올려 숯불에서 굽습니다. 한쪽 면이 익으면 천천히 다른 면으로 뒤집어 주세요.

4. 생선이 익을 동안 크림 준비를 계속합니다.

5. 크림을 불에 올리고, 코코넛의 모든 재료를 넣습니다.

6. 코코넛 크림을 약 20분 동안 저어가며 걸쭉해질 때까지 끓입니다. (크림이 빨리 걸쭉해지도록 잘 젓고 진하게 만들어주세요..)

7. 생선에 바를 코코넛 크림 소스를 준비합니다.

8. 생선을 그대로 그릴에 굽거나 팬에 올려 쉽게 볶을 수 있습니다.

9. 생선 한쪽 면에 소스를 바른 후 뒤집어 다른 면도 바릅니다.

이제 맛있는 생선 요리가 준비되었습니다!

3

탐비 자 나지

TAMBI ZA NAZI

탐비-버미첼리는 라마단 기간 동안 특히 자주 만나볼 수 있는 요리에요. 재료에 따라 다양한 이름을 갖는데요. 이를테면, 코코넛을 첨가한 경우 탐비 자 나지, 우유와 카다몬을 사용한 경우 탐비 자 마지와 나 히리키라고 부릅니다. 탐비를 요리하고 선물하는 방법도 다양한데, 잔지바르에서는 이 재료를 덩어리로 만들어 '마카테 와 탐비'라고 부르기도 합니다. 건포도와 코코넛, 설탕을 넣은 당면 튀김은 단독으로 디저트로 즐기거나 매콤한 고기나 생선 요리와 함께 곁들여 먹기도 하죠. 집에서의 조리 방법은 다음과 같습니다.

[재료]
- 당면 450g (반 봉지)
- 설탕 ¼컵
- 물에 불린 건포도 ¼컵
- 뜨거운 물 3컵
- 식물성 기름 4티스푼
- 바닐라 에센스 1티스푼
- 카다몬 가루 2작은술
- 슬라이스 아몬드 추가 (선택 사항)

[요리법]

튀김 먼저 조리하기

1. 깊고 두꺼운 팬에 기름을 두르고 중간 불에서 가열합니다.

2. 당면을 넣고 자주 저어주며 볶습니다.

3. 당면이 노릇해지면 불을 끄고 남은 기름을 조심스럽게 따라 냅니다.

튀김 완료 후 요리 시작하기

1. 뜨거운 물 3컵을 붓고 부드러워질 때까지 끓입니다. 남은 물은 제거합니다.
2. 코코넛 크림, 설탕, 카다몬, 바닐라 에센스를 넣고 잘 저어 섞습니다. 이어서 당면과 향신료가 잘 어우러지도록 약한 불에서 20분간 더 끓입니다.
3. 건포도와 아몬드를 추가하고 잘 저어줍니다.
4. 2~3분 더 끓인 후 불을 끕니다.

탐비 자 나지가 완료되었습니다.
차갑게 또는 따뜻하게 제공하세요!

4

만다지

MAANDAZI

만다지는 특히 해안 지역에서 많이 사랑받는 인기 있는 동아프리카 만두 또는 페이스트리로, 보통 차와 함께 즐깁니다. 스와힐리어를 사용하는 지역을 지나가면서 만다지를 그냥 지나치는 것은 정말이지 쉽지 않죠. 만다지는 동아프리카, 특히 탄자니아와 케냐에서 매우 사랑받고 있어요. 일반적으로 결혼식이나 장례식과 같은 중요한 행사에서 준비되죠. 만다지의 대표적인 종류로는 마함리가 있습니다.

[재료]
· 밀가루 4컵
· 식용유 2큰술
· 물 1잔 (코코넛 가루를 사용하지 않는다면 물 대신 우유 1잔 사용 가능)
· 코코넛 가루 6큰술
· 카다몬 가루 1작은술
· 설탕 6스푼

[요리법]
1. 반죽에 구멍을 뚫고 물을 제외한 모든 재료를 넣은 다음, 물을 조금씩 부으면서 설탕이 녹을 때까지 섞습니다.

2. 설탕이 녹으면 밀가루를 넣고 계속해서 끓이면서 반죽이 뭉칠 때까지 저어줍니다. 반죽의 적당히 부드러운지 체크하면서, 약 10분간 반죽을 계속해서 반죽합니다.

3. 반죽을 덮고 약 10분간 그대로 둡니다. 그런 다음 작은 공 모양으로 나눕니다. 6개의 공 모양을 만듭니다.

4. 반죽을 덮고 따뜻한 곳에서 약 1시간 동안 그대로 두어 발효시킵니다.

5. 반죽이 발효되면 공을 하나씩 아주 얇고 둥글게 밀고, 삼각형 모양으로 4번 접습니다.

6. 식용유를 불에 올리고 충분히 뜨거워지면 얇게 만든 삼각형 모양의 반죽을 넣고 튀기기 시작합니다. 마함리가 잘 익을 수 있도록 기름이 충분히 뜨거운지 확인하며 양면을 뒤집어 갈색이 잘 나올 때까지 튀깁니다. 기름에서 꺼내 기름을 빼고 그릇에 담습니다.

마함리가 완성되면 콩이나 다른 스튜와 함께 또는 따뜻한 스와힐리 마살라 티와 함께 즐기세요.

5

차파티

CHAPATI

차파티는 밀가루로 만든 편평한 빵으로, 아침 식사나 다양한 소스와 함께 식사 때 제공됩니다. 이프타르 기간 동안 차파티는 중요한 탄수화물 공급원으로, 어린이들이 좋아하는 대표적인 음식 중 하나입니다. 차파티는 주말 아침 식사로도 인기가 많습니다

[재료]

· 밀가루　2컵 반
· 버터기름　2큰술
· 분유　2큰술 (반죽을 부드럽게 만드는 데 도움이 됩니다)
· 소금　한 꼬집
· 설탕　1티스푼
· 약간의 물

* 참고: 저는 항상 완벽한 맛을 내기 위해 설탕과 소금을 섞는 것을 좋아하지만, 설탕을 넣지 않거나 소금을 넣지 않을 수도 있습니다. 취향에 따라 레시피를 바꿔도 좋습니다.

[요리법]

1. 밀가루에 소금과 분유를 넣고 잘 섞습니다.
2. 버터기름을 넣고 재료가 잘 섞일 때까지 저어줍니다.
3. 반죽이 뭉치도록 조금씩 물을 추가하면서 계속해서 반죽합니다. 반죽이 딱딱하지 않게 주의하세요.
4. 그릇에 기름을 발라 반죽을 넣고 덮은 다음, 약 30분 이상 두세요. 반죽을 오래 두면 더 부드러워집니다.
5. 반죽을 두 개의 공 모양으로 나눠 층을 만들 준비를 합니다. 층을 만들면 차파티가 더 잘 분리되는 효과가 있습니다.
6. 한 공을 눌러 펴고 위에 버터기름 또는 식용유를 발라줍니다.
7. 차파티 반죽을 접어 작은 조각으로 자릅니다.
8. 반죽을 하나씩 떼어내고 돌돌 말아서, 뚜껑을 덮고 30분 이상 그대로 두세요.
9. 차파티를 하나씩 동그랗게 밀어냅니다.
10. 프라이팬을 불에 달구고, 달궈진 팬에 차파티를 올립니다.
11. 한쪽 면이 튀겨지는 것을 확인하면 반대편으로 뒤집습니다.
12. 버터기름을 바르고 한쪽 면을 잘 익힐 때까지 저어줍니다.
13. 다른 쪽 면도 마찬가지로 뒤집어 가면서 익힙니다.
14. 모든 차파티를 같은 방식으로 조리합니다.

차파티가 준비되었습니다.
콩, 원하는 소스, 계란 프라이와 샐러드, 또는 스와힐리 마살라 티와 함께 즐길 수 있습니다.

6

삼부사

SAMBUSA

비리아니처럼 동아프리카에서도 삼부사라는 요리가 인기가 많습니다. 삼부사는 다진 고기나 야채로 속을 채운 후 삼각형 모양으로 튀겨낸 음식입니다. 바삭한 겉면이 특징이므로 절대 삶아서 요리하지는 않습니다.

[재료]

· 반쯤 익힌 다진 고기　500g
(마늘 1큰술, 소금 약간 포함)
· 큰 양파　4개(깍둑썰기)
· 그린 페퍼　1개(작게 자름)
· 신선한 고수　적당량
· 계피 가루　1작은술
· 고춧가루　1작은술
· 잘게 갈린 딜(Dill/허브류)　1작은술
· 밀가루　1티스푼
· 카레 가루　1작은술
· 레몬　1개
· 만다 또는 얇은 빵　(기성품 가능)

[요리법]

1. 모든 향신료를 넣은 냄비를 끓인 후 20-30초간 가열합니다. (향신료가 향을 잃지 않도록 주의) 그 후 식힙니다.

2. 다진 고기, 물, 양파, 그린 페퍼 1개(작게 자름), 고수를 큰 그릇에 넣고 잘 섞습니다.

3. 반죽을 준비합니다. 밀가루 4큰술과 적당량의 물을 넣고 적절한 농도가 될 때까지 저어줍니다.

4. 반죽을 한 장 꺼내서 삼부사를 만들 공간을 남기고 접습니다. 고기를 넣은 다음, 반죽이 달라붙도록 밀가루와 물을 섞어 접착제로 활용하여 발라준 뒤 반죽을 감싸줍니다.

5. 기름을 중불에 가열합니다. (삼부사가 바삭하게 튀겨지도록 너무 뜨겁지 않게 조절)

6. 기름이 뜨거워지면 삼부사를 넣고 갈색빛으로 바삭해질 때까지 튀깁니다.

7. 기름에서 삼부사를 건져내고 키친 페이퍼가 깔린 그릇에 담아 기름을 제거합니다.

이제 삼부사 요리가 완료되었습니다!

7

비툼부아

VITUMBUA

비툼부아는 쌀, 코코넛, 설탕, 효모, 그리고 향기로운 향신료로 만든 맛있는 과자입니다. 차와 함께 먹기 좋으며, 주로 쌀을 주식으로 하는 나라에서 즐겨 먹어요. 비툼부아는 폭신하고 풍미가 풍부하며, 글루텐이 없고, 완전한 비건 채식 과자랍니다.

[재료]

(30피스 분량)

· 생 이스트　21g(0.75온스)
· 미지근한 물　60ml (¼컵)
· 저지방 코코넛 밀크　약 2컵
(선택 사항)
· 흑설탕　½컵
· 쌀　한 컵 반
(어떤 종류의 쌀이라도 무방합니다)
· 카다몬　1작은술
· 해바라기, 코코넛 또는 다른 식물성 기름

[요리법]

1. 쌀을 하루정도 물에 불립니다.

2. 불린 쌀, 이스트, 카다몬, 물 또는 코코넛 크림, 약간의 소금을 블렌더에 넣고 곱게 갈아줍니다.

3. 혼합물을 그릇에 담고 뚜껑을 덮은 뒤 효모가 활발하게 작용할 수 있도록 2시간 동안 그대로 둡니다. 60분쯤 지나면 한 번 저어줍니다. 혼합물은 최소 두 배로 부풀어 오르게 됩니다.

4. 중약불에서 팬을 가열합니다. 각 웰에 기름 1/4작은술을 두르세요. 주물 팬을 사용한다면, 각 웰 안쪽에 기름을 바릅니다.

5. 비툼부아 혼합물을 각 웰에 붓고, 상단에서 조금의 공간을 남겨두세요. 약 6~7분간 굽습니다(불의 세기에 따라 다름). 바비큐 꼬치로 비툼부아를 비스듬히 넣어 뒤집습니다. 반대쪽도 3~4분간 노릇노릇하게 익힙니다.

6. 각 비툼부아를 종이 타월 위에 올려 놓고 기름기를 제거합니다.

비툼부아는 따뜻하게 먹어야 맛있고, 마살라 티와 함께 즐기시면 더욱 좋습니다.

8

미카테 와 쿠미미나

MKATE WA KUMIMINA

[재료]

· 쌀　1컵
· 코코넛 가루　1컵
· 설탕　1컵
· 물 또는 따뜻한 우유　1컵
· 베이킹 파우더　1작은술
· 카다몬　1스푼
· 바닐라 (선택 사항)
· 달걀 흰자

[요리법]

1. 쌀을 찬물에 씻어 하룻밤 불립니다.

2. 믹서기에 쌀, 우유, 물 또는 우유, 카다몬, 이스트를 넣고 완전히 부드러워질 때까지 갈아줍니다.

3. 그릇에 붓고 뚜껑을 덮습니다. 혼합물을 따뜻하게 유지하여 발효시킵니다.

4. 혼합물이 걸쭉해지면 오븐을 350°로 예열합니다.

5. 달걀 노른자와 설탕을 혼합물에 추가합니다.

6. 우유를 조금 넣어 혼합물이 너무 걸쭉하지 않도록 조절합니다.

7. 팬에 약간의 기름을 두르고 중간 불로 가열합니다. 혼합물을 팬에 부은 후 약 5분간 그대로 둡니다.

8. 오븐에서 30~45분간 구운 후, 갈색으로 변할 때까지 굽습니다.

9. 완전히 식힌 후 자르세요. 이제 음식이 완성되었습니다!

9

비푸푸

VIPOOPOO

특히 잔지바르, 탕가, 몸바사 해안 지역에서 라마단 기간 동안 디저트로 즐기는 비푸푸는 코코넛 크림에 익힌 완두콩 크기의 만두에요.

[재료]
- 밀가루 (플레인/다용도) 한 컵 반
- 진한 코코넛 밀크 1컵
- 가벼운 코코넛 밀크 ½컵
- 설탕 ¼컵
- 카다몬 가루 ½작은술

[요리법]

반죽 만들기

1. 냄비에 물과 약간의 소금을 넣고 불에 올립니다.
2. 따뜻한 물에 밀가루를 넣고 불을 켠 뒤 한 번에 잘 휘저어 준 후, 반죽이 부드러워질 때까지 계속 저어줍니다.
3. 반죽이 부드러워지면 냄비에서 꺼내 손으로 얇은 조각을 만들기 시작합니다. 만드는 동안 손에 식용유를 묻히면 반죽을 더 부드럽게 만들 수 있습니다.
4. 콩이나 완두콩 크기의 아주 작은 만두를 만듭니다.
5. 담백한 코코넛 크림을 바른 만두를 10분간 굽습니다.

크림 만들기

1. 코코넛 크림, 설탕, 계피, 카다멈을 넣고 잘 저어서 끓입니다.
2. 준비되면 삶은 만두에 추가합니다.
3. 약한 불에서 5분간 더 끓입니다.

비푸푸를 디저트로 즐길 준비가 완료됐습니다!

칼마티

KALMATI

바닐라, 카다몬, 시나몬 향이 나는 연유와 같은 달콤한 크림 시럽을 넣은 부드러운 페이스트리 같은 도넛입니다. 라마단을 포함하여 언제든 즐길 수 있는 간식입니다.

[재료]

· 밀가루 (플레인/다용도) 2컵
· 코코넛 크림 2컵
· 인스턴트 이스트 1티스푼
· 설탕 2컵
· 카다몬 가루 2작은술
· 바닐라 1작은술
· 시나몬 스틱 2개
· 물 적당량

[요리법]

칼마티스 준비

1. 밀가루, 카다몬, 코코넛 크림, 이스트, 물을 섞습니다.
2. 손으로 완전히 치댑니다. 묽지 않으면서도 너무 걸쭉하지 않을 정도로 충분히 걸쭉해야 합니다.
3. 뚜껑을 덮고 30분 정도 부풀어 오를 때까지 기다립니다.
4. 혼합물을 다시 섞습니다.
5. 기름을 가열합니다.
6. 만들어둔 혼합물을 조금씩 덜어서 기름에 떨어뜨립니다.
7. 불을 낮추고 약한 불에서 볶습니다.
8. 칼마티스를 계속 저어 모든 면에 색이 입혀지도록 합니다.

시럽 준비 및 마무리

1. 냄비에 설탕과 물을 넣고 끓입니다.
2. 불을 낮추고 바닐라 시럽을 넣은 다음 끈적해질 때까지 끓입니다.
3. 혼합물을 칼마티에 붓고 부드럽게 저어줍니다.
4. 이후 트레이에 시원하게 보관하세요.

간식 요리인 칼마티가 완성되었어요!

11

바지아 자 덴구

BAJIA ZA DENGU

[재료]

· 렌틸콩 가루　3컵
· 소금　1작은술
· 찬물　1잔
· 베이킹 파우더　1작은술
· 다진 고수　4가지
· 다진 양파　2스푼
· 마늘 가루　1작은술 (또는 같은 마늘)
· 식용유　500ml

[요리법]

반죽 만들기

1. 밀가루와 모든 재료를 혼합할 수 있는 큰 그릇을 사용합니다.

2. 포크나 손으로 재료를 섞으면서 찬물을 조금씩 부어줍니다.

3. 반죽이 부드럽고 덩어리가 없어질 때까지 저으면서 너무 무겁지 않은지 확인합니다.

4. 반죽을 15분 동안 그대로 둡니다.

5. 중간 크기의 프라이팬을 사용하여 기름을 골고루 두르고 충분히 가열합니다.

6. 수프 스푼을 사용하여 반죽을 한 스푼씩 떠서 기름에 넣고, 모든 반죽이 같은 크기가 되도록 합니다.

7. 반죽이 황금색이 될 때까지 튀기면서 계속 저어줍니다.

8. 완성된 반죽을 키친타월 위에 올려 기름을 제거합니다.

바지아 자 덴구가 완료되었습니다!

9.

음료: 주스, 커피 및 차

동아프리카의 주스, 커피 및 차

동아프리카에서는 제철 과일에 따라 신선한 주스의 종류도 시기별로 다양해져요. 코코넛워터, 사탕수수 주스, 망고, 패션프루트 주스가 특히 인기가 많죠. 대부분의 사람들은 집에서 주스를 만들어 먹는 것을 선호하는데요. 그건 어린이, 병약자, 노약자를 배려하기 때문이기도 하고, 슈퍼마켓에서 구입하는 미리 포장된 주스보다 건강에 더 좋다고 여겨지기 때문입니다.

동아프리카는 세계적으로 유명한 커피 생산 지역이지만 대다수의 사람들이 집에서 커피를 마시진 않습니다. 전통적으로 커피는 남성적인 이미지를 갖고 있는데요. 주로 나이든 남성들이 즐기는 음료로 인식되기 때문이죠. 해안 지역에서는 남성들이 저녁에 현지식 체스 게임인 '바오'를 즐기면서 진한 커피를 작은 컵에 마시곤 해요. 하지만 아침에는 차를 선호합니다.

스와힐리어로 '차이'는 차를 의미하며, 넓은 의미로는 아침 식사를 의미합니다. 일부는 차 대신 죽을 섭취하기도 하는데요. 대부분의 동아프리카 사람들에게 차이는 전통적인 아침 식사로 통용됩니다. '아침을 먹었느냐'는 질문을 받는 것이 일반적이며, 실제로 차를 마시지 않았더라도 무언가를 먹었다면, 그때의 대답은 '예' 에요!

차는 제공하는 방식에 따라 의미가 달라지며, '차이 카부'는 간식 없이 차 한 잔을, '차이 나 비타푼와'는 간식과 함께 하는 차 한 잔을 의미합니다. 경제적 상황에 따라 '차이 카부'를 제공하는 것은 인색하다는 의미가 될 수도 있고, 상대방을 위해 얼마나 많은 노력을 기울였는지를 나타내는 것일 수도 있습니다. 또, 동아프리카에서 '차이'는 뜨거운 음료를 의미하기 때문에, 차가운 차나 아이스티는 인기가 없어요. 쉽게 말하자면, 동아프리카에서 차가운 음료는 '차'가 아니라 '주스'라고 할 수 있죠.

차가 가지고 있는 아름다움은 무엇일까요? 제 생각엔 차가 '솔루션'과 같이 느껴지기도 한다는 점이 크게 다가옵니다. 저희 할머니는 '차 한 잔은 뱃속의 포옹과도 같다'고 말씀하셨어요. 차 한 잔이 모든 문제를 해결할 수 있기 때문에, 하루 종일 차를 끓여 마셔야 한다고 믿었죠. 차에는 약용 차, 향기로운 차, 단순한 음료 등 다양한 종류가 있거든요.

이러한 차 재료와 제조 방법은 동아프리카 내에서 흘러가는 시간과 같이 발전해 왔습니다. 최근에는 코로나19로 인해 '차이다와'(약용 차)라는 새로운 유형의 차가 등장했죠. 이 차는 잎과 향신료 대신 과일을 주 재료로 도입한 새로운 스타일이었어요.

또한 비리카(영어로 주전자를 의미)와 같은 차를 만드는 도구도 더불어 진화했습니다. 이제는 모두가 철제 주전자를 사용하지만, 증조할머니들은 점토로 조리 기구를 만들어 사용했었어요. 불도 시간이 지남에 따라 만들어내는 방식이 진화했지만, 연기나 숯, 가스 등 불을 피워 차를 끓이는 것은 차의 맛과 품질에 분명하게 영향을 미칩니다. 여러 세대에 걸쳐 계속 전해져 온 전통 중 하나는 차를 끓이는 '방식'입니다. 동아프리카에서는 허브, 향신료, 과일, 우유, 홍차 등 차를 끓일 때 시간을 들여 정성을 다하고, 준비하는 동안에도 또 한 번 정성을 더해 하나의 예술로서 접근하거든요.

이 책에서는 차를 더 맛있게 만드는 것이 아니라, 차를 통해 커뮤니티 내에서 가족 및 친구들과 어울리는 방법을 공유하려고 해요.

1

스파이스 티 (마살라 티)

THE TEA MASALA

스파이스 티는 계피, 생강, 카다몬, 정향 등의 향신료가 들어가 건강에 좋고 맛과 향이 뛰어납니다. 계피는 자체적으로 단맛을 가지고 있어 설탕이나 꿀을 추가하지 않아도 되죠. 스파이스 티는 혈액 순환을 개선하고, 생강은 염증 감소에 효과적이며, 계피는 자연적인 혈당 조절제로 작용합니다. 정향은 소화를 돕고, 카다몬은 심혈관계 건강에 좋은 칼륨을 함유하고 있습니다.
동아프리카에서는 차를 끓인 다기보다 '요리'한다고 생각해요.

[재료]
· 물 ½리터
· 통 생강 다진 것 ¼작은술
· 계피 가루 ¼작은술
· 으깬 카다몬 ¼작은술
· 정향 약 4개

[요리법]
1. 모든 재료를 냄비에 넣고 15분간 함께 조리합니다.
2. 향이 나고 물이 갈색으로 변할 때까지 끓입니다.
3. 스파이스 티가 완성되었습니다.
(설탕이나 꿀을 추가할 수 있지만 개인적으로는 그대로 마시는 것을 선호합니다.)

2

차이다와

CHAI-DAWA

오랜 시간 동안 우리 어머니들은 감기에 걸렸을 때 강황, 생강, 레몬, 타마린드, 꿀을 넣어 끓인 특별한 차를 준비했습니다. 코로나19 기간 동안 많은 사람들이 면역력 강화에 도움이 되는 따뜻한 음료를 찾았는데요. 이로 인해 가정에서 만들던 차이다와는 5성급 호텔 레스토랑의 메뉴에까지 등장할 정도로 인기를 얻게 되었습니다. 이러한 변화들을 보면, 시간이 지나면서 사회가 새로운 유형의 레시피를 받아들이는 방식도 진화하는 것 같아요.

[재료]

- 물　½리터
- 레몬　반 개 (또는 타마린드 한 스푼)
- 생강　2작은술
- 강황　1작은술
- 꿀　1작은술

[요리법]

첫 번째 방법

1. 물과 생강을 냄비에 넣고 5분간 끓입니다.
2. 레몬을 추가하고 2분간 더 끓입니다.
3. 컵에 꿀을 넣고 차를 따릅니다.

두 번째 방법

1. 생강과 강황을 물과 함께 끓입니다.
2. 레몬이나 타마린드를 추가하고 2분간 더 끓입니다.
3. 컵에 꿀을 추가합니다.

*참고: 이 차의 재료는 산성이 강할 수 있으므로 음료의 완벽한 맛의 균형을 맞추기 위해서는 재료의 양을 조절하는 것이 중요합니다!

3

허브 차이

HERBAL CHAI

르완다에서는 우웬야, 영어로는 클로브 바질이라고도 불리는 차입니다. 이 차는 비타민 A와 C, 칼슘, 아연, 철분을 풍부하게 함유한 덤불 식물로, 천연 향과 항균 효과를 갖고 있습니다. 항진균, 항산화 효과는 물론 스트레스 관리에도 뛰어나다고 할 수 있죠. 허브를 물에 끓여서 간편하게 마실 수 있답니다.

[재료]

· 물 ½리터
· 다진 생강 ¼작은술
· 바질 몇 정향

[요리법]

모든 재료를 물과 함께 10분간 끓이면 차가 준비됩니다.

4

음차이차이 또는 레몬 그라스 티

MCHAICHAI or LEMON GRASS TEA

스와힐리어로 '음차이차이'라고 부르는 레몬그라스 차도 마찬가지입니다.

[재료]

· 물 ½리터
· 다진 생강 ¼작은술
· 레몬그라스 몇 줄기

[요리법]

모든 재료를 물과 함께 10분간 끓이면 차가 준비됩니다.

5

동아프리카의 홍차, 루이보스 티

AFRICA RED TEA / ROOIBOS

[재료]

· 물　2컵

· 루이보스 잎 한 스푼

[요리법]

1. 물 2컵을 3분간 끓입니다.
2. 루이보스 잎 한 스푼을 넣고 2분간 끓이면 금방 완성 됩니다!
3. 꿀이나 설탕은 첨가하지 않고 마시는게 좋습니다.

6

차이

CHAI

‘차이’는 그 자체로 포괄적인 ‘차’를 의미하지만, 한편으로는 ‘차이’라는 고유한 이름을 가진 차도 있습니다. 차이는 설탕과 우유만으로 만든 차인데요, 기호에 따라 생각이나 카다몬과 같은 향신료를 추가할 수도 있습니다. 다르에스살람에는 1968년부터 이어져 온 유명한 찻집 K. Tea Shop이 있는데, 몇 세대를 거쳐도 한결 같은 맛을 지키며 차이를 제공하고 있습니다. 이 맛집의 레시피와 다소의 차이는 있겠지만, 저도 여러 번 차이를 직접 만들어 보았는데요. 직접 차이를 만들어 마시면 고향이 생각나는, 향수를 불러일으키는 맛이 느껴지고는 했습니다. 아마 저는 차를 마실 때마다 2006년에 세상을 떠난 저의 형제 음케샤(Mkesha)를 생각하게 되었던 것 같아요. 그는 화요일 아침이면 저를 포함한 가족들을 아침 식사 자리에 데려가고는 했고, 그곳에서 저희는 차이를 마시고는 했답니다.

[재료]
· 물　2컵
· 설탕　4스푼
· 우유　1컵
· 홍차　1스푼

[요리법]
1. 팬에 설탕을 넣고 약한 불로 가열한 뒤, 진한 호박색이 될 때까지 저어줍니다.
2. 물을 넣고 2~3분간 계속 저어 설탕을 녹입니다.
3. 우유를 넣고 2분간 천천히 끓입니다.
4. 차이가 완성되었습니다. 컵에 따라 부은 뒤 음미하며 드세요!

7

밀크티

MILK TEA

모두가 익히 알고 계실 밀크티는 우유, 향신료, 찻잎으로 만든 전통적 음료입니다.

[재료]

· 물 ½리터
· 다진 생강 ¼작은술
· 으깬 카다몬 ¼작은술
· 계피 가루 ¼작은술
· 다진 정향 약 4개
· 우유 1컵
· 홍차 잎 1작은술
· 바닐라(선택 사항)
· 설탕(선택 사항)

[요리법]

1. 물을 올리고, 계피, 카다몬, 정향, 생강을 넣고 5분간 끓입니다.
2. 우유를 추가한 후 3분간 더 끓이고, 찻잎을 넣어 우유에 차색이 진해질 때까지 추가로 3분 더 끓입니다.
3. 바닐라를 추가하고 1분간 끓입니다.
4. 설탕은 이후에 추가하거나 마실 때 넣어도 좋습니다.
   이제 밀크티가 준비되었습니다! 마함리, 비툼부아 또는 원하는 간식과 함께 즐기세요.

* 참고: 우유가 응고될 수 있으므로 우유를 추가하기 전에 다른 재료를 물로 먼저 끓입니다. 물의 양은 우유의 양에 따라 조절할 수 있으며, 취향에 따라 달라질 수 있습니다.

10.

임산부, 모유 수유 여성 및 환자를 위한 특별 식단

특정 음식이 의학적 효능과 치유력을 지닌다

모든 문화권에서 '특정 음식이 의학적 효능과 치유력을 지닌다'고 말하는 걸 쉽게 찾아볼 수 있죠. 우리들도 마찬가지입니다. 아래 음식은 병자의 회복을 돕고, 생식 능력을 증가시키거나, 산모가 신생아의 성장을 도울 수 있으며 기력을 회복하게 해준다고 알려져 있어요.

동아프리카에서는 임산부가 임신 기간 동안 특정 음식을 피하고, 출산 후에는 추천하는 요리를 섭취하도록 권장하고 있는데요. 모유 수유를 할 때에도 이를 강조하고 있습니다. 산모와 신생아를 돌보는 일은 주로 시어머니나 친정 어머니가 맡는데요. 산모와 아기는 보통 산후 3개월 동안 친정이나 시댁에서 지내거든요. '한 아이를 키우려면 온 마을이 필요하다'는 속담처럼, 이 시기에는 지역사회가 하나가 되어 산모와 아기를 적극적으로 돌봅니다. 산모가 출산 후 날씬해 보인다면, 그건 되려 부끄러운 일로 치부되기도 해요. 이런 모습이 시어머니(혹은 어머니)에게는 본인의 책임을 다하지 못 한 과실로 여겨질 수도 있죠. 따라서 시어머니(혹은 어머니)는 자신이 며느리를 잘 돌볼 수 있음을 보여주기 위해 산모에게 적절하고 충분한 음식을 제공하려 노력해요.

바나나 수프, 스와힐리어로 '음토리', '음첼쇼' 등의 지역 음식도 있습니다. 야채와 고기, 현지 닭고기로 만든 삶은 수프, 그리고 옥수수, 땅콩, 수수로 만든 죽은 소중한 단백질 공급원이 돼요. 이런 죽에 향신료를 추가하면, 모유 수유 중인 여성의 모유 분비를 촉진하는 것으로도 알려져 있는데요. 아래 음식들은 임신, 모유 수유, 질병 회복을 위한 특별 식단에 포함되는 요긴한 선택지가 되곤 합니다.

1

음토리

MTORI

음토리는 녹색 바나나와 고기로 만든 수프입니다. 전통적인 방법으로 바나나를 으깨어 수프에 넣거나 주방 믹서기를 사용하여 영양가 높고 맛있는 고기 수프를 만들 수 있습니다.

[재료]

· 녹색 바나나
· 소고기 또는 기호에 맞는 고기
· 양파
· 당근
· 소금과 후추 등 향신료(선택 사항)

[요리법]

1. 녹색 바나나와 감자를 껍질을 벗겨 잘게 자릅니다.
2. 냄비에 고기를 넣고 부드러워질 때까지 익힙니다.
3. 다진 양파, 당근, 향신료, 소금, 후추를 추가합니다.
4. 다진 녹색 바나나와 감자를 넣고 잘 저어줍니다.
5. 바나나와 감자가 완전히 익을 때까지 끓입니다.

따뜻하게 서빙하여 푸짐한 스튜를 즐깁니다.

2

음켐쇼

MCHEMSHO

스와힐리어로 '삶은'이라는 뜻으로, 질경이와 감자를 기본 재료로 하여 여러 가지 재료를 넣고 끓인 요리를 말합니다. 음켐쇼는 모든 재료를 함께 끓이기 때문에 조리가 간편해요. 주로 임산부가 모유 수유 시 모유 공급을 원활하게 하기 위해 먹거나, 아픈 사람이 먹기도 하죠. 숙취를 치료하는 데에도 효과적입니다.

[재료]

· 질경이
· 감자
· 당근
· 녹두
· 가지
· 양배추 양파
· 고기나 생선 추가 (기호에 맞는 고기)

* 참고: 취향에 따라 야채를 더 넣거나 덜 넣을 수 있습니다.

[요리법]

1. 모든 재료를 냄비에 넣고 충분히 익을 때까지 끓입니다.
2. 15분 후에 음켐쇼가 뜨거울 때 서빙합니다.

채식주의자를 위한 음켐쇼는 간단히 야채를 섞는 정도로 쉽게 만들 수 있습니다.

JUMBA LA WANANCHI FORODHANI
PEOPLE'S PALACE MUSEUM

11.

기숙학교 음식

동아프리카 기숙학교

> “ 저는 기숙학교에서 자랐고,
> 그곳에서 참 중요한 시간들을 보냈어요.
> 학교에서 많은 친구들을 만들 수 있었죠.

기숙학교에서 흔히 먹는 음식인 콩을 곁들인 우갈리

동아프리카 대부분의 학교는 현지 농산물을 직접 재배하여 학교 급식에 활용하는데요. 저희 학교에는 옥수수 농장이 있었고, 각 반은 자신의 땅에서 농사를 지을 수 있었습니다. 이런 농사 경험은 경쟁처럼 진행되었었는데, 그 덕에 학생들은 더 많은 노력을 기울이게 됐었죠.

당시 매일 아침 우지(옥수수 수프)를, 점심과 저녁에는 우갈리(옥수수 가루 반죽)에 양배추나 시금치, 콩을 곁들인 음식을 먹었습니다. 또 마칸데(콩과 마른 옥수수를 섞은 음식)도 자주 먹곤 했죠. 옥수수는 새벽부터 해질녘까지 매일매일의 식단에서 매우 큰 부분이었어요.

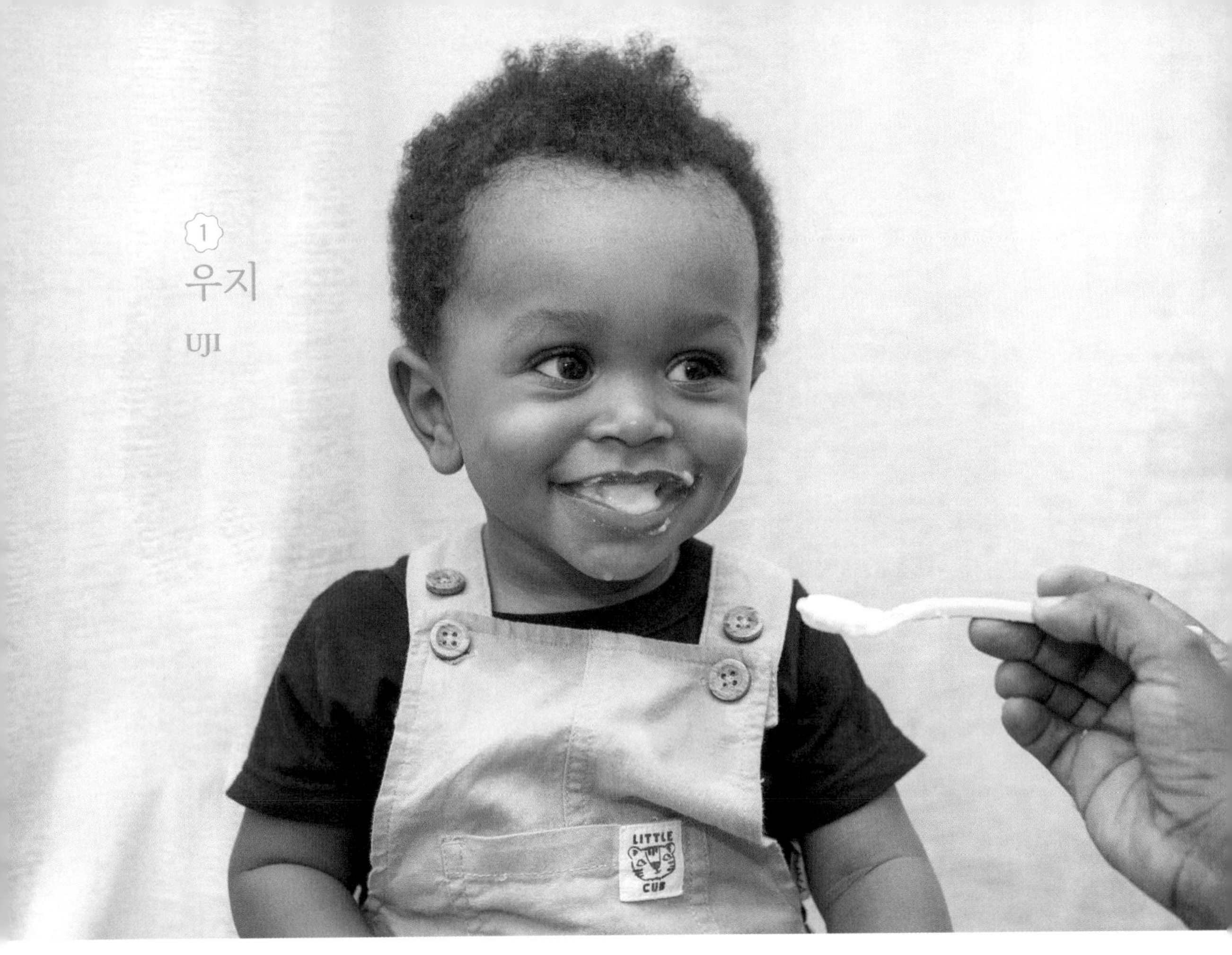

1 우지
UJI

* 동아프리카 영유아의 죽 섭취는 아이의 영양과 전반적인 건강 관리에 있어 매우 중요하다.

우지는 말린 옥수수 가루, 기장 또는 수수 가루를 물과 우유와 섞은 뒤 끓여 만든 죽입니다. 이런 특성에서 예상할 수 있듯, 주로 어린이들이 이유식으로 먹거나, 임산부나 아픈 사람들이 섭취합니다. 또한 우지는 사용되는 재료에 따라 여러 효과를 기대할 수도 있어요. 예를 들어, 기장은 페놀 화합물과 같은 항산화제가 풍부하여 세포 손상을 보호하는 데 도움이 됩니다. 옥수수는 단백질과 에너지를 제공하며, 높은 섬유질 함량이 혈당 조절에 기여할 수 있죠. 또한, 우지에 함유된 미네랄들, 예를 들어 칼슘, 마그네슘, 인 등은 어린이의 뼈 건강을 유지하는 데 중요한 역할을 합니다. 이외에도 우지는 면역 체계를 강화하는 데에도 큰 도움을 줘요. 하지만 그 무엇보다도 우지 자체가 갖고 있는 문화적 의미가 큽니다. 이 죽을 나눠 먹음으로써 공동체 의식, 전통, 그리고 유대감을 가질 수 있죠.

[재료]

· 기장, 수수, 또는 옥수수 가루　1컵
· 물　4컵

(선택 사항)

· 우유 1컵
· 설탕 몇 숟가락
· 후추 반 작은 술
· 타마린드
· 카다몬 반 티스푼
· 참깨 또는 땅콩 가루 3스푼

[요리법]

1. **밀가루 섞기**: 믹싱 볼에 곡물 가루와 2컵의 물을 넣고 부드럽게 될 때까지 잘 섞습니다. 이 단계에서 덩어리가 없도록 주의합니다.
2. **물 끓이기**: 큰 냄비에 남은 2컵의 물을 붓고 중간 불에서 끓입니다.
3. **밀가루-물 혼합물 추가**: 끓는 물에 곡물 가루 혼합물을 서서히 부으며 계속 저어줍니다. 혼합물이 잘 섞이고 다시 끓기 시작할 때까지 계속 저어줍니다.
4. **조리**: 불을 약하게 줄이고 15분 동안 가끔 저어가며 죽을 끓입니다. 죽이 걸쭉해지면 원하는 농도에 따라 물이나 우유를 추가할 수 있습니다.
5. **땅콩 또는 참깨 가루 첨가**: 땅콩 페이스트나 참깨를 사용할 경우 이때 죽에 넣고 잘 섞이도록 저어주세요. 그 후 죽을 5분 더 끓입니다.
6. **향 첨가**: 카다몬, 후추, 타마린드를 넣고 잘 섞어 맛과 향을 조절합니다.
7. **완성**: 죽이 원하는 농도와 맛이 되면 불에서 내려 줍니다. 뜨겁게 제공하거나 약간 식혀도 좋습니다.
8. 설탕이나 소금은 서빙할 때 추가하는 것이 좋습니다. 죽을 그릇에 담고 슬라이스된 바나나, 꿀, 견과류 등 원하는 토핑을 곁들여 제공하세요. 우지는 따듯하게 먹는 것이 가장 좋습니다. 먹기 전에는 잘 섞어 맛이 골고루 퍼지도록 하세요.

때때로 쌀을 사용해 죽을 만들기도 하는데, 이를 우지와 마판데라고 합니다. 재료를 더 추가해 잘 조리하면 맛있는 디저트가 되기도 해요. 이 죽은 주로 이유식으로 사용되며, 임산부나 아픈 사람들에게 간편한 아침 식사로 제공되고 있어요.

2

우갈리

UGALI

우갈리는 동아프리카, 특히 케냐와 탄자니아에서 많이 먹는 전통 주식으로, 많은 기숙학교에서는 급식에서 우갈리가 최고의 선택지가 되고 있답니다. 옥수수 가루를 물과 섞어 걸쭉한 반죽을 만들고, 이를 공 모양으로 빚어 다양한 스튜, 수프, 야채와 함께 제공합니다. 고칼로리 식품인 우갈리는 농업, 건설, 어업, 공장 작업과 같은 강한 노동 활동을 하는 사람들에게 특히 인기가 있어요. 에너지가 많이 필요한 일터의 사람들이 즐겨 먹기 때문에, 일부 지역에서는 남성 음식으로 간주되기도 하죠.

우갈리는 주로 손으로 떼어 먹는데요. 제공되는 스튜나 야채를 함께 곁들여 먹습니다. 간단하면서도 영양가 높은 이 음식은 많은 가정에서 주식으로 자리잡고 있으며, 주로 점심이나 저녁에 즐겨 먹습니다. 또한, 앞서 언급한 것처럼, 일터의 사람들이나 학생들을 포함한 많은 사람들에게, 탄수화물은 중요하잖아요? 우갈리는 콩과 야채를 곁들여 한 달 내내 먹을 수도 있답니다.

[재료]

· 3인분 기준으로 옥수수 가루 1컵과 물 3컵만 준비하면 됩니다.

[요리법]

1. 거품이 날 때까지 물을 끓입니다.

2. 옥수수 가루 3스푼과 찬물 반 컵을 섞습니다.

3. 뜨거운 끓는 물에 섞은 재료를 넣습니다.

4. 죽을 끓인 후 옥수수 가루를 서서히 넣으면서 반죽이 굳을 때까지 두드려 주세요.

5. 우갈리가 원하는 농도가 될 때까지 계속 잘 저어줍니다. 스튜, 야채, 콩과 함께 제공하면 완성됩니다.

3

콩 요리

BEANS

동아프리카 사람들은 다양한 콩 요리를 즐깁니다. 건조하거나 신선한 콩을 먼저 삶은 후 향신료나 양념을 첨가하여 원하는 맛을 내도록 요리합니다. 요리를 완료하기까지 붉은 강낭콩은 90~120분, 콩은 40분 정도 걸립니다. 행사용 콩 요리는 땅콩 크림, 코코넛 크림, 마늘을 추가하여 그 풍미가 더욱 풍부해요.

[재료]

· 콩 반 킬로그램
· 양파
· 식용유 (선택 사항)
· 땅콩 소스 (선택 사항)
· 코코넛 소스 (선택 사항)
· 소금
· 마늘 (선택 사항)
· 당근 (선택 사항)

[요리법]

1. 냄비에 콩과 충분한 물을 넣고 끓입니다. 콩이 부드러워질 때까지 계속해서 물을 보충합니다.
2. 콩이 부드러워지면 양념을 준비합니다.
3. 원하는 크기로 자른 양파와 함께, 기호에 맞게 충분한 소금을 콩에 추가합니다. 원한다면 식용유를 넣고 잠시 끓여도 좋습니다.
4. 양파가 콩과 잘 섞여 익으면 코코넛 크림을 추가하고, 원한다면 땅콩 소스도 넣습니다. 5분간 더 끓인 후 우갈리, 차파티, 만다지 또는 다른 원하는 음식과 함께 제공합니다.

4

마칸데

MAKANDE

마칸데는 콩과 말린 옥수수를 섞어 밤새 불린 다음 약 40분간 부드러워질 때까지 익힌 요리를 말해요. 양념의 경우 어떤 재료로 만드느냐에 따라 단순할 수도, 복잡할 수도 있습니다. 탄자니아에서는 이 요리를 '마칸데'라고 하고, 케냐에서는 '기테리'라고 부르는데요. 이 음식은 기숙학교의 식단에도 자주 포함되는데, 비록 요리 시간은 조금 걸릴지라도, 준비 과정은 비교적 간단한 편에 속해요.

[재료]

· 말린 강낭콩 한 컵 반
· 말린 옥수수 한 컵 반
(말린 옥수수가 없는 경우 냉동 또는 신선한 옥수수 두 컵 반으로 대체 가능)
· 다진 양파 1개
· 다진 마늘 3쪽
· 소금 한 개 반 작은술
· 코코넛 크림 1컵
· 껍질을 벗긴 다진 생강 (1인치 크기)
· 고수

[요리법]

1. 말린 콩과 옥수수를 하룻밤 또는 최소 5시간 동안 물에 불립니다.
2. 물을 빼고 헹굽니다.
3. 큰 냄비에 콩과 옥수수를 넣고 물을 부어 부드러워질 때까지 끓입니다. 이 과정은 약 60분이 소요될 수 있습니다.
4. 다진 야채를 추가합니다.
5. 코코넛 크림과 두 컵의 물을 넣고 중불에서 콩과 옥수수가 부드러워질 때까지 끓입니다.
6. 맛을 한 번 본 뒤, 필요하면 코코넛 크림과 소금을 추가합니다.
7. 이 상태 그대로 제공해도 좋고, 고기, 생선 또는 카첨바리와 함께 서빙해도 좋습니다.

Hakuna
Matata

12.

동아프리카에서의 일상 식사

동아프리카 일상 식사

어머니들이라면 아마 '오늘은 무엇을 요리할까?'라는 질문을 타인에게 하는 일이 거의 없을 거예요. 부엌은 오롯이 어머니의 영역이라고 할 수 있죠. 그날의 가족 식단을 결정하고 계획하는 것은 틀림없이 어머니들의 몫입니다.

그런데 만약 어떤 사정이 있어서 오늘의 메뉴를 결정하지 못했다면!?

이번 '동아프리카 일상 식사' 파트를 참조해주시면 유용할 거예요. 매일 간편하게 준비할 수 있으면서도 가족이 함께 즐길 수 있는 음식들이거든요!

1

엔디지 냐마

NDIZI NYAMA

엔디지는 질경이 또는 바나나를 뜻하는 스와힐리어입니다. 동아프리카에는 20가지 이상의 바나나 품종이 재배되고 있는데요. 모두 식용으로 적합한 것은 아니에요. 바나나의 종류를 크게 구분해 보자면, 요리용 바나나, 과일용 바나나, 그리고 로컬 맥주나 와인을 만들기 위한 주류 제조용 바나나의 세 가지 그룹으로 분류할 수 있어요. 이것들은 주로 우간다, 탄자니아, 르완다, 부룬디에서 생산되고 있죠.

소개드릴 '엔지지 냐마'는 녹색 바나나를 쪄서 으깬 후 맛있는 소스와 함께 제공되는 요리입니다. 동아프리카 요리의 진수를 이 마토케(요리용 초록색 바나나의 명칭) 요리를 통해 느껴보세요.

[재료]
- 녹색 바나나(마토케)
- 양파
- 토마토
- 식용유
- 간을 맞추기 위한 소금과 후추
- 고기 또는 생선

[요리법]
1. 녹색 바나나의 껍질을 벗기고 잘게 썰어줍니다.

2. 팬에 양파를 넣고 반투명한 상태까지 볶습니다.

3. 다진 토마토를 넣고 부드러워질 때까지 조리합니다.

4. 잘게 썬 녹색 바나나와 소금, 후추를 추가합니다.

5. 선택 사항으로 고기나 생선을 추가할 수 있습니다.

6. 바나나가 부드러워질 때까지 뚜껑을 덮고 조리합니다.

7. 메인 또는 사이드 요리로 뜨겁게 제공합니다.

2

왈리 마하라게

WALI MAHARAGE

'왈리 마하라게'는 동아프리카의 많은 가정에서 아이들이 가장 좋아하는 음식이라 할 수 있어요. 주로 콩을 넣은 밥으로 구성된 식단인데요. 일상에서도 주 메뉴에 포함되어 있는 것을 쉽게 찾아볼 수 있고, 일부 지역에서는 아예 주식으로 활용됩니다. (금식 후 첫 식사인 '이프타르' 때 제공되는 콩 스튜 레시피를 참고하세요. 준비 과정은 비슷하지만 당근이나 코코넛을 선택해서 추가할 수도 있습니다.)

밥과 함께 고기, 닭고기 또는 생선 스튜를 메뉴에 추가하여 콩과 함께 제공할 수도 있는데요. 다음은 스튜를 준비하는 방법을 알아보겠습니다.

3

스튜

STEW

스튜는 닭고기, 소고기, 생선 등 다양한 재료로 만들 수 있으며, 사용하는 채소에 따라 여러 가지 변형도 할 수 있습니다. 하지만 모든 스튜의 기본은 주방에서 항시 구비하고 있어야 하는 재료인 토마토와 양파에요. 나머지 야채들은 계절에 따라, 혹은 기호에 따라 추가될 수 있으니 참고해주세요!

[재료]

· 고기 또는 생선
· 잘 익은 신선한 토마토
· 식물성 기름 또는 팜유
· 양파
· 허브 (고수 등 풍미를 더하기 위함)
· 마늘과 생강
· 소금
· 레몬 또는 라임 즙 (선택 사항)

[요리법]

1. 고기를 원하는 크기로 자릅니다. 생강, 마늘, 허브로 만든 블렌딩 소스로 고기에 양념을 한 뒤 소금을 조금 뿌립니다.

2. 고기에 물을 붓고 익을 때까지 끓입니다.

3. 고기의 물기를 빼고 오븐에 구워줍니다.

4. 팬에 기름을 데우고 양파를 볶습니다. 토마토를 넣고 줄어들 때까지 조리합니다.

5. 생강, 마늘, 허브를 추가하고 향이 나도록 볶습니다. 이후 익힌 고기의 육수와 카레 가루를 추가합니다. 원하는 농도가 될 때까지 물을 더합니다.

6. 구운 고기를 다시 냄비에 넣고 스튜를 끓입니다. 필요에 따라 간을 조절합니다.

7. 스튜를 흰 쌀밥, 우갈리, 차파티, 질경이, 샐러드와 함께 제공합니다.

8. 스튜를 만들기 전에 생선을 먼저 볶는 경우를 제외하고는 육류와 생선의 준비 과정은 비슷합니다.

4

양배추 소고기 스튜

CABBAGE BEEF STEW

동아프리카의 전통 요리인 양배추 소고기 스튜는 채소와 단백질의 조화로움이 돋보이는 요리에요. 또 동아프리카 지역의 유산을 나타낸 요리이기도 하죠.

양배추는 녹색 또는 보라색의 다용도 영양 채소로 전 세계 다양한 요리에 널리 사용됩니다. 생으로 먹거나 조리하거나 발효시켜 다양한 요리에 활용되기도 하는 양배추는 음식의 식감과 풍미를 한층 좋게 만들어줘요. 요리할 때는 과도한 조리를 피해야 하는데요. 그럴 경우 식감을 물렁이게 하거나, 영양소를 잃게 할 수도 있기 때문입니다.

동아프리카의 양배추 소고기 스튜는 부드러운 소고기와 양배추, 향신료의 혼합으로 맛이 풍부하며 누구나 편하게 섭취할 수 있는 요리에요. 특히 케냐, 우간다, 탄자니아와 같은 국가에서 인기 있는 양배추 소고기 스튜를 소개할게요!

[재료]

· 소고기　500g(큐브 형태로 자름)
· 작은 양배추　1개(채 썬 것)
· 중간 크기 토마토　2개(다져 놓은 것)
· 양파　1개(잘게 다진 것)
· 생강　1티스푼(다진 것)
· 마늘　3쪽(다진 것)
· 요리용 기름(식용유)　2스푼
· 소금과 후추(취향에 따라)
· 레몬즙
· 신선한 고수 또는 파슬리 (장식용)

[요리법]

1. 중불로 달군 큰 냄비나 오븐에 요리용 기름을 데우고 다진 양파, 마늘, 생강을 넣어 투명해지고 향기가 날 때까지 볶습니다.
2. 소고기 큐브를 넣고 소금, 레몬즙, 마늘, 생강 등의 향신료로 고르게 버무린 후 소고기가 잠길 만큼 물을 부어 소금과 후추로 간을 맞추고 끓입니다. 이 과정은 스튜의 풍미를 깊게 합니다.
3. 토마토를 추가하고 부드러워질 때까지 몇 분간 더 조리합니다.
4. 소고기가 부드러워지면 채 썬 양배추를 넣고 잘 섞어 물에 잠기도록 합니다. 필요하면 물을 조금 더 추가합니다.
5. 뚜껑을 덮고 추가로 5-10분 정도 더 조리하거나, 양배추가 원하는 정도로 익을 때까지 조리합니다.
6. 동아프리카 양배추 소고기 스튜를 뜨겁게 제공하며, 신선한 고수나 파슬리로 장식합니다.

양배추 소고기 스튜는 찐 밥, 우갈리, 또는 바삭한 빵과도 잘 어울리는 음식입니다. 풍성한 식사를 즐겨보세요!

5

추쿠추쿠 소스

CHUKUCHUKU SAUCE

츄쿠추쿠는 모든 재료를 한꺼번에 쪄서 요리하게 되는데요. 손쉬운 방식 때문에, 다소 성의없어 보일 수도 있지만, 그럼에도 불구하고 굽는 방식을 대체할 수 있는 가장 좋은 방법이에요. 기름을 과도하게 사용하지 않아 건강에도 좋죠. 이 방법은 닭고기, 생선, 육류 등 다양한 재료에 사용할 수 있습니다.

[재료]

· 피망
· 당근
· 양파
· 레몬즙
· 마늘
· 필리필리 (아프리카 고추)

[요리법]

1. 마늘, 피망, 당근, 양파를 블렌더에 넣고 갈아줍니다.

2. 선택한 고기를 오븐에 구우거나 튀겨 마른 식감을 주는 것도 가능하고, 삶아서 요리해도 좋습니다.

3. 블렌딩한 재료들과 함께 고기를 넣고, 레몬즙과 소금을 추가합니다.

4. 물을 넣고 10분간 끓여 츄쿠추쿠 소스를 완성합니다.

6

다가

DAGAA

동아프리카에는 여러 수역이 있어 동아프리카 사람들은 모든 가정에서 다가를 즐겨 먹습니다. 탕가니카 호수에서 서식하는 이 작은 물고기를 정어리라고 부르기도 하는데요. 동아프리카에서 '다가'라고 부르는 것은 이 물고기가 우리에게 미네랄, 비타민, 단백질의 유용한 공급원이자 흔한 음식이었기 때문입니다.

[재료]

· 다가 (정어리 또는 작은 물고기)
· 레몬 또는 라임 즙　1큰술
· 소금　½작은술
· 땅콩버터 또는 코코넛 크림　1큰술 (선택 사항)
· 다진 신선한 토마토와 양파　1개
· 식용유

[요리법]

1. 다가를 깨끗이 씻습니다.
2. 원하는 기름(식용유)에 5분간 볶습니다.
3. 물고기를 볶은 후 따로 팬에 양파를 넣고 양파가 잘 익을 때까지 볶습니다.
4. 토마토, 소금, 레몬(라임) 즙을 추가하고 토마토 주스가 끓을 때까지 계속 저어줍니다.
5. 다진 당근과 녹색 피망을 넣고 몇 분 더 끓입니다.
6. 코코넛 크림이나 땅콩을 추가할 수 있으며, 소스를 더 걸쭉하게 하고 싶지 않다면 물을 추가할 필요가 없습니다.
7. 다가가 우갈리와 함께 제공될 준비가 되었습니다. 원하는 야채를 곁들여도 좋습니다.

아프리카에서 쉽게 구할 수 있는 채소인 오크라, 가지와 멸치를 이용해 만든 다가 스튜

13.

길거리 음식

SAMBUSA

'길거리 음식'은
흘러온 시간만큼
세대를 거쳐
발전해 왔습니다.

우리 사회는 점차 도시로 집중되고 있어요. 이런 현상은 동아프리카에서도 매우 빠르게 진행되고 있습니다. 이런 도시에 집중된 길거리 음식들은 '외식' 혹은 '패스트푸드'와 같은 형태로 계속되고 있는데요. 이런 것이 하나의 문화적 현상처럼 형성되고 있는 것 같아요. '길거리 음식'은 이제 단순한 음식을 넘어, 문화를 전달하는 매개체로, 5성급 호텔 식사보다 그 나라의 문화를 더 잘 홍보하고 표현한다고 생각합니다. 일부 사람들은 '길거리 음식'이 미식과 문화의 창문과도 같다고도 말하죠. 그 지역에서 가장 저렴하면서도 가장 맛있는 음식으로서, 현지인들이 일상에서 즐기는 경우가 많기 때문입니다. '길거리 음식'의 인기는 도시 인구의 증가, 교통 체증으로 인한 출퇴근 시간의 증가와 같은 사회적 흐름도 영향을 미쳤을 거예요. 점심을 먹을 시간이 없는 많은 사람들에게도 최적의 해결책이 되어주고 있으니까요.

'길거리 음식'은 흘러온 시간만큼 세대를 거쳐 발전해 왔습니다. 전통 요리와는 달리, 다양한 맛과 문화가 더해진 외국 요리가 개발되거나, 혼합(퓨전)되는 것을 적극적으로 받아들였죠. 칩스 마야이, 칩스 미시카키, 치킨 탄두리, 비아지 바지아, 카틀스, 바지아, 잔지바르 피자, 마캉게, 롤렉스(시계가 아닌 요리 이름입니다.^^) 등의 레시피가 그 예입니다.

길거리음식의 일부는 오랜 역사를 자랑하며, 이를 통해 관광 명소로 성장한 곳도 쉽게 찾아볼 수 있어요. 다르에스살람의 코코 비치와 잔지바르의 포로다니 야시장에서 노점상으로 알려진, 자수성가한 셰프들이 추천하는 맛의 거리를 소개해 드리겠습니다.

1) 코코 비치 (COCO BEACH)

사진: 임마니 나스밀라 작가

다르에스살람에서 태어나고 자란 사람들에게 코코 비치는 매우 유명한 장소입니다. 인도양을 따라 길게 뻗은 해변에서는 레저 활동도 가능하고요. 일반인들에게도 개방되어 있습니다. 주말이나 이드 알 피트르(금식 기간이 끝났음을 축하하는 무슬림의 휴일), 공휴일, 새해 첫날, 크리스마스 등 특별한 날에는 수영을 즐기거나 카사바와 같은 별미, 신선한 필레 스큐 등 다양한 길거리 해산물을 즐기기 위해 많은 사람들이 해변을 찾습니다. 해변에는 다양한 레스토랑, 바, 포장마차, 야외 엔터테인먼트 시설이 마련되어 있죠.

사진: 다르에스살람 코코 비치에서 흔히 찾아볼 수 있는 코코넛 워터 판매상

해변은 무료로 개방되어 있으며, 운이 좋다면 낮 썰물 때에는 해변에서 바닷속 생태를 생생하게 구경할 수도 있습니다. 코코 비치는 해삼, 작은 게, 달팽이, 조개류, 해초 등 다양한 해양 생물을 관찰할 수 있는 멋진 경험을 할 수 있는 곳이거든요. 방문한다면, 다르에스살람의 더위를 잊게 해줄 신선한 코코넛 워터를 마시는 걸 잊지 마세요! 다음은 코코 비치의 포장마차에서 맛볼 수 있는 대표적인 길거리 음식을 소개합니다.

1

칩 마야이/제지

CHIPS MAYAI/ZEGE

'칩 마야이' 또는 '제지'는 탄자니아의 특산품으로, 브런치나 가벼운 점심, 저녁 식사로 좋은 간편식입니다. 달걀과 감자튀김을 기본으로 하며, 원하는 경우 채소나 고기를 추가할 수 있습니다. 하지만, 달걀이 들어간 플레인 감자튀김만으로도 충분히 맛있죠!

[재료]

- 손바닥 크기 감자 2개 또는 중간 크기 감자튀김 4개
- 달걀 2개
- 식용유

[요리법]

1. 감자를 튀겨서 키친타월 위에서 기름기를 제거합니다.
2. 계란을 약간의 소금과 함께 선택한 채소와 가볍게 풀어줍니다.
3. 6인치 팬을 예열하고, 기름을 넣은 뒤, 감자튀김과 추가할 재료를 팬에 뿌립니다.
4. 계란을 부어 모든 재료를 덮은 후, 중간 불에서 양면을 익혀줍니다.
5. 제지가 준비되면 바로 서빙합니다.

2

미시카키

MISHIKAKI

미시카키는 생강, 레몬, 고추로 양념한 고기를 꼬치에 끼워 숯불에 구운 인기 있는 꼬치 요리입니다. 저녁 시간에는 길거리 음식상들이 길가에서 미시카키를 구워 판매하는데요. 모든 연령층이 좋아하는 인기 요리죠. 많은 사람들이 식료품점, 바, 음악 클럽에서 맥주나 다른 주류 음료와 함께 곁들여 즐깁니다.

[재료]

· 쇠고기 1kg
(잘 씻고 작은 조각으로 자름)
· 두부 (몇 분 동안 불려 부드럽게 한 후 잘 짜서 여과)
· 다진 양파 2큰술
· 오일 2큰술
· 레몬 2개
· 적절한 양의 소금
· 물에 담근 채소

[요리법]

1. 모든 재료를 고기와 섞은 후 그릇에 담고 뚜껑을 닫아 냉장고에서 하룻밤 또는 6시간 이상 재웁니다.
2. 준비가 되면 냉장고에서 꺼냅니다.
3. 각 스틱에 고기를 4조각씩 끼웁니다.
4. 석탄 스토브에 올리거나 오븐을 사용합니다. (센 불도 가능) 오븐을 사용할 경우 꼬치가 마르지 않도록 트레이에 물을 담은 뒤, 꼬치를 올려 구웁니다.
5. 한 면을 5분간 구운 후 남은 기름을 뿌립니다.
6. 반대쪽으로 뒤집어 기름을 바르고 3분간 조리합니다.
7. 미시카키가 준비되면 알루미늄 호일에 싸서 보관하거나 서빙하세요.

3

미호고 캉가(구운 카사바)

MIHOGO KAANGA

[재료]

· 미호고 캉가 (구운 카사바)
· 카사바 뿌리 1개
· 식용유 ¼리터
· 소금 약간
· 적당량의 식수

[요리법]

1. 카사바의 껍질을 벗긴 후 씻어 원하는 크기로 자릅니다.
2. 냄비에 물과 소금을 넣고 카사바가 반쯤 익을 때까지 끓입니다.
3. 물을 빼고, 카사바에서 물기를 잘 제거합니다.
4. 뜨거운 식용유에 카사바를 금갈색이 될 때까지 튀깁니다.
5. 준비된 미호고 캉가를 미시카키나 카첨바리와 함께 제공합니다.

다르에스살람 코코 비치에서 찍은 카사바와 미시카키 사진

4

마칸게

MAKANGE

마칸게는 신선한 야채를 곁들인 구운 닭고기 요리입니다.

[재료]

· 통닭　1마리
· 닭고기 튀김용 식용유　1리터
· 생강　3큰술 (으깬 것)
· 다진 마늘　1큰술
· 큰 양파　1개
· 큰 당근　1개
· 큰 피망　1개
· 레몬　2개
· 소금　3큰술
· 치킨 마살라　3큰술
· 토마토 페이스트　1큰술
· 큰 토마토　1개
· 고추　1개

[요리법]

1. 닭을 깨끗이 씻은 후 원하는 크기로 자릅니다.
2. 생강, 마늘, 레몬즙 1과 1/2컵, 소금 2큰술, 치킨 마살라 2큰술을 섞어 닭에 재운 후 2시간 이상 냉장 보관합니다.
3. 당근, 양파, 피망을 길게 자릅니다.
4. 토마토를 갈아 따로 준비합니다.
5. 프라이팬에 기름을 붓고 중불로 가열합니다.
6. 닭고기를 넣고 완전히 익을 때까지 조리합니다.
7. 닭고기가 다 익으면 건져내고, 프라이팬에는 남은 재료를 볶는 데 사용할 수 있도록 약간의 기름을 남겨둡니다.
8. 남은 기름을 사용해 양파, 당근, 피망을 적당히 볶습니다. 너무 과하게 볶지 않도록 주의합니다.
9. 토마토를 넣고 잘 저으면서 소금, 치킨 마살라, 토마토 페이스트, 칠리, 그리고 레몬즙을 추가합니다.
10. 마지막으로 구운 닭고기 조각을 넣고 잘 섞은 후 완성된 요리를 접시에 담습니다.
11. 칩, 바나나 튀김, 구운 바나나, 밥 혹은 우갈리, 미호고 캉가와 함께 제공하면 좋습니다.

2) 포로다니 야시장 (FORODHANI NIGHT MARKET)

잔지바르 스톤타운에 위치한 포로다니 가든에서는 매일 저녁 6시부터 9시까지 야간 푸드 마켓이 열립니다. 스톤타운에서의 저녁 시간, 특히 해질녘이 이곳을 방문하기에 가장 좋습니다. 현지인과 관광객이 어우러진 정원은 활기가 넘치죠. 여러 종류의 신선한 해산물 구이와 튀김, 비아지 카라이, 카틀, 치킨 탄두르, 샤와르마, 다양한 고기 스틱, 생강과 라임이 들어간 갓 짜낸 사탕수수 주스 등 풍성한 잔지바르의 길거리 음식이 우리를 환영해줍니다. 특히, 잔지바르는 유명한 잔지바르 피자의 발상지인데요. 이 피자는 전통 이탈리아 피자와는 전혀 다른 독특한 맛과 형태를 가지고 있습니다.

저는 이 레시피를 시도한 적도 없고 형태를 변경하고 싶지도 않기 때문에, 이 책에서는 별도로 소개하지 않을 예정이에요. 여기에는 정말 상당한 훈련이 필요하거든요! 때문에 그저 잔지바르를 방문해서 직접 이 피자를 경험해 보시기를 권하고 싶습니다. 이 요리는 제가 가장 좋아하는 요리 중 하나에요.

잔지바르를 방문할 때마다 조리 과정을 주의 깊게 관찰하는 것도 추천합니다.

잔지바르 피자는 얇은 크레이프처럼 시작하여, 원하는 토핑(짭짤한 것과 달콤한 것 모두 가능)을 추가하고 정성스레 완성합니다. 고기, 다진 채소, 치즈 등 원하는 재료를 선택할 수도 있습니다. 전체 '피자'는 얇은 크레이프 위 또 다른 얇은 크레이프를 덮은 다음, 버터를 살짝 바른 뜨거운 철판 위에 올려 놓습니다. 이렇게 하면 겉은 바삭하고 속은 따뜻하게 녹아서 아주 맛있는 음식이 완성되죠. 잔지바르 피자는 토핑 선택에 따라 메인 요리와 디저트로 모두 맛있게 즐길 수 있습니다.

잔지바르 피자 레시피가 없어서 아쉬우시다고요? 이 외에 제가 완전히 배우고 익히려 노력한 포로다니 가든 야시장의 나머지 길거리 음식들을 소개할게요!

① 우로조 UROJO

잔지바르에서 특히 유명한 '우로조 수프'는 탄자니아의 경우 스톤 타운에서 특히 사랑받고 있어요. 특히, 해산물 천국인 포로다니 야시장에서 다수의 노점들이 판매하고 있습니다.
이 수프는 다양한 재료로 이루어진 풍부한 맛을 가지고 있죠. 물론 처음 보면 재료 조합이 무작위처럼 보일 수도 있어요. 그러나 각 요소들은 수프의 맛과 풍미를 더하는 환상적인 조합입니다. 우로조 수프의 국물은 코코넛 밀크, 향신료, 다양한 육수를 섞

어 만드는데, 아주 크리미하고 향기롭죠. 여기에 강황, 커민, 고수 등의 향신료가 복합적으로 작용해 비로소 이 수프만의 독특한 특징이 생기게 됩니다.

우로조 수프에는 삶은 감자, 튀긴 카사바 조각, 렌틸콩 부침개('바지아'로 알려짐), 그리고 튀긴 해산물 또는 미시카키가 포함되어 다양한 질감과 맛을 제공합니다. 이러한 재료들이 각기 독특한 맛과 질감을 더해 매 숟가락마다 조화로운 맛을 선사합니다.
우로조 수프는 토핑과 양념 없이는 완성될 수 없어요. 전통적으로 타마린드 처트니를 뿌려 달콤하고 상큼한 맛을 더하고, 동시에 국물의 풍부한 맛과 균형도 맞춰주죠. 또, 다진 양파, 신선한 고수, 라임즙을 올려 전체적인 맛과 신선함을 강조합니다.

우로조 수프의 맛, 그리고 질감의 조합은 잊을 수 없는 경험이 됩니다. 크리미한 코코넛 국물과 강황의 매운 맛, 부드러운 삶은 감자, 바삭한 카사바 칩, 고소한 해산물이 모두 어우러져 입안에 한 입 들어갈 때마다 엄청난 풍미를 느낄 수 있거든요.
잔지바르를 방문할 때 우로조 수프를 먹어보는 것은 필수라고도 할 수 있습니다. 간식으로든 식사로든 이 전통 수프는 지역의 요리 유산과 생동감 넘치는 맛을 고루 보여줍니다. 현지에서 이 맛있는 우로조 수프를 꼭 경험해 보세요!
이제 우로조 수프를 위한 토핑을 준비해 봅시다. 토바지아, 으깬 감자, 레드 처트니, 코코넛 처트니입니다. 각 토핑의 준비 방법은 다음과 같습니다.

토핑1)

바지아

BAJIA

[재료]

· 베산(병아리콩 가루) 2컵
· 중간 크기 양파 1개(잘게 다진 것)
· 녹색 고추 2개 (잘게 다진 것)
· 생강(마늘 페이스트) 1티스푼
· 커민 씨앗 1티스푼
· 붉은 고추 가루 1티스푼
· 강황 가루 ½티스푼
· 소금 (취향에 맞게 적당량)
· 반죽을 위한 물
· 튀김용 기름

[요리법]

1. 베산, 다진 양파, 녹색 고추, 생강-마늘 페이스트, 커민 씨앗, 붉은 고추 가루, 강황 가루, 소금을 큰 볼에 넣고 섞습니다.
2. 반죽이 두꺼워질 때까지 점차적으로 물을 넣습니다.
3. 깊은 팬에 기름을 데웁니다.
4. 뜨거운 기름 위로 반죽을 숟가락으로 떠서 넣고, 바삭해질 때까지 튀깁니다.
5. 바지아를 기름에서 건져 종이 타월 위에 올려 기름을 빼냅니다.

토핑2)

으깬 감자

MASHED POTATO

[재료]

· 큰 감자 4개
(껍질을 벗기고 큐브로 자름)
· 버터 2스푼
· 우유 ¼컵
· 소금과 후추 (취향에 맞게 적당량)

[요리법]

1. 감자를 소금물에 넣고 부드러워질 때까지 삶습니다.
2. 감자를 건져 물기를 빼고 냄비에 다시 넣습니다.
3. 버터, 우유, 소금, 후추를 추가합니다.
4. 감자가 부드럽고 크리미해질 때까지 으깹니다.
5. 필요에 따라 소금과 후추를 조절합니다.

토핑3)

레드 처트니

RED CHURTNEY

[재료]

· 붉은 파프리카 1컵(다진 것)
· 작은 양파 1개(다진 것)
· 마늘 2쪽
· 레몬즙 1스푼
· 올리브유 1스푼
· 소금 (취향에 맞게 적당량)

[요리법]

1. 블렌더와 같은 조리기구에 붉은 파프리카, 양파, 마늘, 레몬즙, 올리브유, 소금을 넣습니다.
2. 곱게 갈아서 잘 섞입니다.
3. 필요에 따라 소금을 조절합니다.

토핑4)

코코넛 처트니

COCONUT CHURTNEY

[재료]

· 코코넛 1컵(강판에 간)
· 녹색 고추 2개
· 볶은 땅콩 ½컵
· 레몬 즙 2스푼
· 소금 맛에 따라
· 적당량의 물(필요 시)

[요리법]

1. 블렌더나 푸드 프로세서에 강판에 간 코코넛, 녹색 고추, 볶은 땅콩, 레몬즙, 소금을 넣습니다.
2. 크리미하게 될 때까지 갈아줍니다.
3. 전체적으로 부드럽고 크리미하게 만들기 위해 필요하면 물을 더 추가합니다.
4. 필요에 따라 소금을 조절합니다.

모든 토핑을 준비한 후 우로조 수프를 만들기 위해 모든 재료를 섞습니다. 맛있고 향기로운 우로조 수프를 토핑과 함께 즐겨보세요!

2

비아지 바지아

VIAZI BAJIA

동아프리카 해안 지역에서 특히 학생들에게 인기 있는 간식인 비아지 바지아는 얇게 썬 감자를 삶은 후 밀가루를 입혀 튀긴 요리입니다.

[재료]

· 감자 1킬로그램
(껍질을 벗기고 조각으로 자름)
· 밀가루 1컵
· 렌틸콩 또는 그램 밀가루 1컵
· 마살라 향신료
· 레몬 또는 라임 즙
· 소금 한 꼬집
· 식용유

[요리법]

1. 감자를 소금물에 삶습니다.
2. 다 익으면 남은 물을 따라낸 다음 레몬즙을 뿌려 다시 팬에 올린 뒤 몇 초간 볶습니다. 이후 불을 끄고 식힙니다.
3. 마살라, 소금, 레몬즙을 감자에 버무립니다. 감자에 밀가루를 붙여야 하므로, 감자가 너무 얇지는 않은지 주의하세요.
4. 감자에 마살라를 바르고 따로 보관합니다.
5. 밀가루, 렌틸 콩가루, 소금을 섞어 넣고 저어줍니다. 반죽이 걸쭉해질 때까지 물을 조금씩 넣으세요. 반죽이 너무 무겁거나 너무 가볍지는 않은지 확인하세요.
6. 기름을 데우고, 감자 조각은 혼합물에 묻힌 후 튀깁니다.
7. 약 2분간 튀긴 뒤 반대쪽으로 뒤집어 잠시 더 튀깁니다. (감자는 삶았기 때문에 튀김이 완료되는 데에는 오래 걸리지 않습니다).

비아지 바지아가 준비되었습니다!

3

치킨 탄두르

CHICKEN TANDOOR

인도의 요리법이 탄자니아 음식에 미친 영향은 상당해요. 그 중에서도 치킨 탄두르는 요거트를 기반으로 한 매콤한 소스에 구운 붉은색 닭고기로, 아프리카와 인도-아랍 퓨전 요리의 좋은 예라고 할 수 있죠! 숯불에 구운 닭고기를 특제 소스에 버무려 카첨바리와 칩스와 함께 제공하면 더욱 풍미가 뛰어납니다. 치킨 탄두르는 새우나 생선으로도 만들 수 있지만, 닭고기를 가장 많이 사용합니다.

[재료]

· 닭고기　1kg (원하는 부위 가능)
· 플레인 요거트　4큰술
· 카레 가루　1큰술
· 고추 가루　1큰술 (선택 사항)
· 레몬 또는 라임　1개
· 소금 적당량
· 마늘 가루　1큰술
· 생강 가루　1큰술
· 빨간 식용 색소　1큰술
· 커민 가루　1큰술
· 식용유 적당량 (10큰술 내외)

[요리법]

양념 준비

양념한 닭고기를 냉장고에 밤새 보관하면, 재료가 잘 숙성되어 닭고기의 맛이 한층 더 깊어집니다.

1. 닭고기를 깨끗이 씻고 말립니다.
2. 볼에 플레인 요거트, 커민, 카레 가루, 칠리, 식용 색소, 생강과 마늘 가루, 오일을 넣고 잘 섞어 반죽을 준비합니다.
3. 닭고기를 반죽과 잘 섞고, 최소 2시간 동안 냉장 보관합니다.
4. 조리는 오븐에 굽거나 바비큐를 하는 것이 가장 좋지만, 팬에 기름을 두르고 중간 불에서 골고루 익히며 볶아도 좋습니다.
5. 닭고기를 계속 뒤집어 양면을 익힌 후 25분 후에 꺼내세요.

탄두르 치킨이 준비되었습니다!

'치킨 탄두르'는 일상의 식사에서 벗어나 특별한 포인트를 주고 싶을 때 선택하는 요리입니다.

④

카틀레시

KATLESI

카틀레시는 다양하게 속을 채워 만든 감자 커틀렛인데요. 아주 맛있지만 조리법은 정말 간단하답니다!

[재료]

· 다진 고기 (양념된 것)
· 참치 캔　2개
· 감자　5개
· 당근　1개
· 피망　반 개
· 다진 마늘　½작은술
· 약간의 후추
· 적당량의 소금
· 레몬즙
· 밀가루　½컵
· 달걀　1개
· 충분한 식용유 (튀김에 적당한 양)

[요리법]

1. 감자를 소금물에 삶은 후 물을 제거하고 부드럽게 으깬 다음 별도로 보관합니다.
2. 당근과 피망을 적당한 크기로 자릅니다.
3. 참치 캔을 열고, 물기를 제거한 후 참치와 당근, 피망, 마늘, 후추를 함께 섞습니다.
4. 감자에 참치 혼합물, 소금, 레몬즙을 넣고 잘 섞습니다.
5. 원하는 크기로 여러 개의 볼을 만든 후, 각각을 달걀 모양으로 성형합니다.
6. 밀가루와 물을 적당히 섞어 반죽을 만든 후, 달걀을 풀어 넣고 골고루 섞습니다.
7. 프라이팬에 식용유를 충분히 넣고 달굽니다.
8. 카틀레시를 밀가루와 달걀 혼합물에 골고루 입힌 후, 뜨거운 기름에 튀겨 노릇노릇하게 만듭니다.
9. 기름을 제거하면 카틀레시가 완료됩니다!

4

차파티 랩

Chapati wrap

차파티 랩은 아침, 점심, 저녁 어느 식사에도 완벽하게 어울려요. 탄수화물과 단백질을 풍부하게 함유하고 있을 뿐만 아니라 다양한 야채가 들어간 영양 만점의 식사죠! 차파티 랩은 다양한 달걀, 아보카도, 양파, 카첨바리와 같은 다양한 재료로 채워진 오믈렛을 차파티로 말아 먹는 음식인데, 우간다에서는 이를 '롤렉스'라고 부릅니다. 이는 차파티 랩을 만들 때 계속해서 차파티를 굴리기 때문에 붙여진 이름이에요.

[재료]

· 차파티
  (앞서 제공된 차파티 레시피 참조)
· 달걀
· 아보카도
· 양파
· 토마토
· 소금과 후추

[요리법]

1. 앞서 제공된 레시피에 따라 차파티를 준비합니다.
2. 다진 양파와 토마토를 넣고 계란을 볶습니다.
3. 기호에 따라 계란을 차파티 위에 펴서 볶거나 따로 오믈렛을 만들어 차파티 위에 올립니다.
4. 슬라이스한 아보카도를 추가합니다.
5. 소금과 후추로 간을 맞춥니다.
6. 차파티를 샤와르마(케밥과 유사한 형태의 요리)처럼 돌돌 말아줍니다

이제 차파티 랩이 완료되었습니다!

맺음말

이 책을 위해 여러 가지를 조사하고 준비하는 과정에서, 동아프리카 문화의 세밀한 부분들을 발견함과 동시에 저 스스로도 우리 문화의 독특함을 더 잘 느끼게 되었습니다. 어떤 관습을 알기 위해서는 그 관습과 문화 너머의 배경을 배우고 이해하는 것이 중요하다는 것을 다시금 깨닫게 되었어요. 이 요리책을 만드는 모든 과정은 제가 성장하며 경험해 온 관습들을 돌아보게 했고, 그로 인해 새로운 관점을 갖게 되기도 했습니다. 예를 들어, 탄수화물, 채소, 단백질의 조합은 언제나 만족스럽고 영양가 있는 균형 잡힌 식사를 만든다는 것은 알고 있었습니다. 하지만, 왜 그러한 조합이 균형 잡힌 건강한 식단이 되는지, 그리고 식사를 하는 사람들에게 어떤 과학적인 효능을 제공하는지에 대해서는 크게 주의를 기울이지 않았던 것 같아요.

우갈리와 채소, 단백질을 함께 먹으면 채소의 섬유질과 영양소가 혈당을 낮춰줄 뿐만 아니라, 우리 몸의 에너지를 안정적으로 방출시키는 것에 있어서도 도움을 준다고 합니다. 이처럼 특정 음식의 조합이 우리 건강에 긍정적인 영향을 주는 것을 새로이 알게 되는 것이 참 흥미로웠습니다. 우갈리의 경우 우리 음식 중에 수쿠마 위키라는 음식과 최고의 조합인데요. 채소와 단백질이 풍부한 음식이라는 점이 새삼 감사하게 느껴졌습니다.

우리 사회에서 어떤 공동체가 음식을 준비하고 먹고 나누는 방식은 그 공동체의 역사와 관습, 사회적 관계에 대한 다양한 통찰을 제공한다는 점 또한 다시금 알게 되었어요. 전통적인 요리 방법부터, 그 전통이 계승되고 변형된 현대적인 방식까지, 각 사회가 비슷한 재료를 사용하면서도 다른 맛과 조리법으로 독특한 요리를 만들어 내는 것은 알게 될수록 흥미로웠습니다. 음식을 준비하는 것은, 그 음식에 해당하는 문화의 창의성뿐만 아니라 다양한 지혜가 반영된 예술인 것 같아요. 재료 선택부터 조리법에 이르기까지 각 요리에는 언제나 고유의 이야기가 담겨 있으며, 여러분이 이 책을 통해 그 이야기의 일부를 경험할 수 있었기를 바랍니다.

음식을 준비하는 것 외에도 식사 시간의 규칙과 예절은 음식 문화에 있어 중요한 부분을 차지합니다. 개개인이 음식과 상호작용하는 방법 혹은 방식, 그리고 식사를 한다는 경험 그 자체는 우리 사회의 가치관과 규범에 대해 많은 것을 설명하는 것 같아요. 포크나 젓가락 같은 특정 도구의 사용, 음식을 제공하는 순서, 공동 식사와 개인 식사가 얼마나 중요하게 여겨지는지 등, 이런 것들이 모여 특정 집단의 문화와 정체성을 형성하는 것이 아닐까요?

저의 인생에서 요리라는 하나의 여정을 시작하며, 음식으로 서로에게 사랑과 열정을 나눴던 할머님들과 어머님들의 사랑을 다시금 느끼고 그들에게 감사할 수 있는 기회를 갖게 되어 영광입니다. 성대한 잔치든 간단한 식사든 상관없이, 그들은 언제나 우리 모두와 함께 나누기에 충분한 음식을 준비해주시고는 했습니다. 음식을 나누는 전통은 우리 사회가 서로에게 갖는 책임감에 대해 생각하게 합니다. 또한 '우리가 상호간에 항상 연결되어 있다'는 점을 강조하는 아프리카의 '우자마'(Ujamaa) 정신을 북돋아 주는 것 같습니다. 동아프리카에서는 음식을 함께 나눠야 하며, 나눔을 통해 가족과 공동체의 유대가 강화된다고 믿기 때문이죠.

여러분들이 이 책을 읽으며 동아프리카 요리 문화와 전통에 대해 더 깊이 이해할 수 있는 기회를 가지셨기를 바라며, 우리 음식이 표현하고자 하는 다양한 가치도 함께 발견하셨기를 희망합니다. 책을 읽는 즐거움과 음식을 맛보는 즐거움을 동시에 느낀 경험이 되었으면 좋겠고, 무엇보다 우리 동아프리카 문화의 중심을 관통하는 다양한 요리들을 탐험하며 즐거운 여행이 되었기를 바라며 마칩니다.

저자 소개

차바 루완야(CHABA RHUWANYA MAVURA)는 사람과 사람 사이의 커뮤니케이션에 언제나 열정적인 스토리텔러입니다. 차바는 음식이라는 보편적인 '커뮤니케이션 수단'을 통해, 자신의 고향 지역 일대 및 나라의 여러 복잡한 이야기를 한국 친구들을 비롯한 더 많은 사람들에게 전달하고자 다양한 노력을 기울여 왔습니다. 이처럼 요리에 대한 남다른 열정을 가진 차바는, '음식'을 '문화적 격차를 해소하는 방법'이자, '아프리카의 풍부한 전통과 다양성을 보여줄 수 있는 수단'이라 생각했죠.

차바의 요리는 고국인 탄자니아와의 깊은 인연에 뿌리를 두고 있습니다. 그녀는 요리를 통해 동아프리카 요리의 맛과 향을 한국 친구들과 지인들의 식탁에 선사하고자 다양한 고민을 거듭했습니다. 이후 요리를 만들 때마다 재료와 기법뿐만 아니라 음식에 담긴 역사와 문화적 의미도 함께 이야기해 전달하고자 노력을 경주 중입니다.

한편, 차바는 스페인 마드리드에 있는 IE 비즈니스 스쿨에서 기업 커뮤니케이션 석사 학위를 받았습니다. 덕분에 다양한 문화와 배경을 가진 사람들과 효과적으로 소통하고 교류할 수 있게 되었죠. 이후 탄자니아 다르에스살람 대학교에서 정치학 및 국제관계학 학사 학위를 취득했고, 이는 타인과 원활하게 소통하고 의미 있는 관계를 형성하는 그녀의 현재를 만들어주는 밑거름이 되었습니다.

세 자녀의 어머니인 차바에게 가장 소중한 것은 가족입니다. 뿐만 아니라, 그녀는 주변 모든 사람들을 아낌없이 돕고 있는데, 그 중심에는 항상 '음식'이 있었죠. 요리를 통해 가족을 비롯한 주변의 모든 이에게 적합한 영양을 공급하거나 건강한 삶, 그리고 다채로운 이야기를 선물합니다.

그런 그녀는 현재 주한 탄자니아 대사의 배우자로서 사람들을 초청하고 교류하며 여전히 다양한 요리를 계속해서 선보이고 있습니다. 만찬과 행사를 주최하며 동아프리카의 맛있는 음식을 소개하고, 길거리 음식부터 격식 있는 요리까지 고국의 다양한 맛을 곳곳에 전파하는 중입니다.

차바는 주한대사배우자협회(ASAS) 부회장으로서 국내 여러 지역행사에 참여하고 있습니다. 문화 교류는 물론, 외교 커뮤니티와 주재국인 한국 간에 의미 있는 관계를 구축하고 유지하고자 아낌없이 시간을 할애하고 있죠.

그런 그녀가 드디어 요리 책을 기획하게 되었습니다. 요리에 대한 열정, 그리고 동아프리카 문화에 대한 인식을 증진시키기 위해 집필을 결심한 그녀의 첫 책을 여러분께 선보입니다. 차바는 이 요리책을 통해 더 많은 커뮤니티와 소통할 수 있는 수단이라고 밝혔는데요. 이를 통해 아프리카의 이야기와 전통을 더 쉽게 더 많은 분들께 공유하고 싶다는 포부를 전했습니다. 동아프리카 요리의 자세한 레시피와 재료, 요리 기법에 대한 정보를 제공함은 물론, 아프리카 지역의 요리 문화 및 유산에 대한 사람들의 이해를 높이고자 긴 시간 해가 지지 않는 밤을 보냈습니다.

「음식을 통해 아프리카 문화에 대한 인식을 증진시키는 것」

그것을 위해 끊임없이 헌신하는 차바의 노력은 '요리가 가진 외교의 힘'을 보여줄 뿐만 아니라, '요리'가 보편적인 언어의 힘을 가지고 있다는 것을 증명하고 있습니다. 풍부한 문화를 보유한 아프리카의 여러 모습. 그런 장면에 많은 분들께서 그저 한 번쯤 호기심을 가져주신다면, 그것이 차바가 바라는 가장 큰 소망일 것입니다.

동아프리카의 '맛' :
요리를 통해 발견한 '동아프리카 문화'

발 행 일 2024년 5월 31일
지 은 이 차바 루완야 마부라(CHABA RHUWANYA MAVURA)

기 획 브라더후드
사 진 정예민

디 자 인 유니꼬디자인(gdunikko@naver.com)

가격 19,800원
ISBN 979-11-6440-617-3(03590)